情报保护神

——密码

严 虹 编著

贵州出版集团
贵州人民出版社

出版说明

兴趣是最好的老师,知识的学习更是如此。如果学习者缺乏兴趣,阅读就将是一个枯燥无味的过程,轻松快乐的学习也就无从谈起。基于这样的事实,本着"兴趣阅读、快乐学习"的理念,我们经过深入调研,与国内的众多专家学者及一线教师全力合作,为所有希望将学习变得轻松愉快的朋友奉献上"快乐阅读"书系。

"快乐阅读"书系,以知识的轻松学习为核心,强调阅读的趣味性。它力求将各种枯燥无味的知识以轻松快乐的方式呈现,让读者朋友便于理解接受。它的各种努力,只有一个目标,即力图将知识学习过程轻松化、趣味化。读者朋友在阅读过程中,既能保持心情愉快,又能学有所得。在轻松愉快的氛围中学习,让知识学习成为读者朋友的兴趣,本身就是提高学习效率最有效的途径。

"快乐阅读"书系首批图书分为"语文知识"、"作文知识"、"数学知识"、"文学导步"、"文学欣赏"、"语言文化"、"个人修养"七大板块,各个板块之下又有细分。英语、生物、化学等相关的知识板块将会在以后陆续推出。针对不同学科知识的特点,本书系以不同的方式来达到轻松快乐的目的。要么是以故事的形式,在故事的展开之中融入相关知识;要么是理清该知识点的背景,追根溯源,让读者朋友知其然,更知其所以然,让理解更为轻松。总而言之,就是以最恰当的方式呈现相关的知识。

希望这套"快乐阅读"书系能陪伴每一位读者朋友度过美好的阅读时光。

编　者
2014 年 5 月

卷首语

> 情寄青云端
> 报国寸心丹
> 保家驱贼寇
> 护犊心自甘
> 神谋与妙算
> 密报过关山
> 码数建奇功
> 情报争桂冠

亲爱的读者朋友们，从这首诗中你看出了什么？试一试把每句诗的第一个字连起来读一下。

对啦！前面就有本书书名"情报保护神——密码"。

密码是按特定法则编成，用以对通信双方的信息进行明密变换的符号。换而言之，密码是隐蔽了真实内容的符号序列。其实在公元前，秘密书信已用于战争之中，西方"史学之父"希罗多德的《历史》当中记载了一些最早的秘密书信故事。隐写术也出现在古代，希罗多德记载将信息刺青在奴隶的头皮上，较近代的隐写术使用隐形墨水、缩影术或数字水印来隐藏信息。中国古代秘密通信的手段，已有一些近于密码的雏形。中国周朝兵书《六韬·龙韬》也记载了密码学的运用，其中的《阴符》和《阴书》便记载了周武王问姜子牙关于征战时与主将通信的方式。

显而易见,有着悠久历史的密码学在信息安全大厦中起着无可替代的作用。事实上,在当今社会中密码是解决网络信息安全的关键技术,是现代数据安全的核心。像身份识别、信息在存储和传输过程中的加密保护、数字签名和验证等都要依靠密码技术才能得以实现。

本书通过三个虚拟人物所代表的加密者、解密者和非法破解者来讲述一系列的故事,向读者讲述了密码学的基本概念,回顾了密码的昨天、了解密码的今天、展望密码的明天!

你想知道《福尔摩斯探案集》中有关人形密码的故事吗?你想知道西方的恺撒大帝与咱们中国古代女皇帝武则天这两位密码能手谁更胜一筹吗?你想知道网络上的数字签名是怎么回事儿吗?你想知道未来信息世界里能让所有黑客失业的最安全的密码是什么吗?

那么,就让我们走进奇妙的密码世界,一起认识这位从古到今的情报保护神吧!

目　录

密码,其实并不神秘 ……………………………………… (001)

●密码的昨天

第一章　话说形形色色的早期加密术 ………………… (010)

第二章　散发恺撒大帝光辉的密码

　　　　——Caesar 密码 …………………………… (029)

第三章　升级版的恺撒密码

　　　　——Vigenere 密码 ………………………… (040)

第四章　还可以更好吗

　　　　——Hill 密码 ……………………………… (050)

第五章　你想破译密码吗 ……………………………… (061)

第六章　世界上第一台密码机

　　　　——Enigma …………………………………… (072)

●密码的今天

第七章　现代信息安全卫士

　　　　——公钥密码体制 ………………………… (100)

第八章　三个和尚有水喝

　　　　——RSA 公钥方案 ………………………… (114)

第九章 一个人的精彩

　　——ElGamal 公钥方案 …………………………（126）

第十章 密钥管理那点事儿

　　——Diffie-Hellman 算法 …………………………（136）

● 密码的明天

第十一章 未来最可靠的密码

　　——量子密码 …………………………（155）

密码，其实并不神秘

2003 年 3 月 18 日，美国作家丹·布朗的一本畅销小说《达芬奇密码》出版，以 750 万册的成绩打破美国小说的销售记录，目前全球累计销售量更已突破 6000 万册，成为有史以来最卖座的小说之一。后来被改编成电影，也取得了不错的票房成绩。该书是关于男主角，哈佛大学的宗教符号学教授罗伯特·兰登解决巴黎卢浮宫声望卓著的馆长被谋杀一案的故事。馆长赤裸的尸体以达芬奇的名画维特鲁威人的姿态在卢浮宫被发现的，身边写下一段隐秘的信息并且用血在肚子上画下神秘的符号。在追查案件的过程中，一些达芬奇的著名作品中隐含的信息，包括《蒙娜丽莎》、《最后的晚餐》等，都逐渐浮出水面……

《达·芬奇密码》书籍封面及电影海报

近年来，与"密码"一词相关的书籍、影视作品越来越多地出现在公众的视野中。密码，一个既陌生又熟悉的名词。说她陌生，因为她总是戴着

一层神秘的面纱,在某个角落中默默地注视着我们;然而她又是那么的熟悉,在日常生活中,几乎天天都要接触到。

宽带连接需要输入密码

登录 QQ 需要输入密码

银行取款需要密码

密码锁

保险箱

通信系统的迅猛发展提高了人们在互联网、自动取款机等设备使用密码进行信息保密的要求。随着通信手段的丰富与发展,密码使用无处不在,与我们每个人的生活息息相关,作为个体,必须认真采取有效的防泄密措施,避免由此带来的不必要损失。

每个人都以为自己想的密码不会被别人知道,有趣的是,大部分人使用的密码可以轻易地被猜出来。有人对 100 个大学生做过一个调查测试,结果发现,在密码设置中:用自己姓名的中文拼音者最多。通过调查发现,人们设置密码的原则是简单、易记,能够很快地敲出来。于是,有了诸如"123456"的"超级简单密码",有"昵称＋888"之类的"幸运数字密码",还有手机号、电话号等"懒惰型密码"等等,当然也有一些如同@#123 这样的"聪明型密码"。

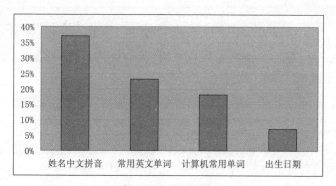

密码设置偏好统计

那么我们应该如何设置密码呢? 不妨听听网络安全专家设置密码的诀窍:

1.使用大写字母和小写字母、标点和数字的集合。

2.在不同账号里使用不同的密码,有规律性地更换密码。为了容易记得更换密码,将它和一件事联系起来。例如在每月的第一天或发薪日更换密码。

3.使用一个方便你记忆的密码,那么你便不必写下来了。

4.不要使用任何和你有关的姓名和数字,如出生日期或是绰号。

5.不要使用任何语言的字词作为密码。

6.不要使用可轻易获得的关于你的信息,包括电话号码、手机号码、你所居住的街道的名字等。

选好了密码,剩下的工作就是不要忘记它。

如何记住密码? 一个好的密码应该是你自己容易记住但别人不太容

易猜到的,看看下面的例子吧:

1. 找一首熟悉的歌,使用句中每个汉字拼音的首字母作为密码的一部分。

2. 选择两个没有任何共同点的短词,将它们用标点或数字连接起来,如:*Teacher 6 Apple*。

3. 使用一个熟悉的短语,但是要用数字 0 来代替字母 O,采取一些诸如此类的措施。

然而,如果你以为掌握了以上关于"密码"的基本知识,就对密码学有了基本的了解,那就大错特错啦!下面,我们将告诉你一些大多数人关于密码认识的误区。

其实,上面说的生活中习以为常的这些"密码",严格来说并不能算是数学中的密码。一个最常见的例子,就是使用银行卡时,机器要求我们输入的"密码",就不是真正的密码。精确地说,它应该被称为"口令",它没有隐藏任何信息,所有人得到它都可以使用,它只是提供了一个额外的身份验证信息而已。因为"口令"并不是依照正常的加密规则对"用户名"之类的信息进行加密后得到的,而且也不能通过正常的解密规则"还原"出初始的用户名。而类似这种并非使用标准加密变换机制生成的所谓"密码",当然也就根本不能算是真正的密码。类似的"用户名-口令"体系在我们的生活中经常可以碰到,除去上面说的银行卡以外,还包括登录计算机、登录电子邮箱、登录 QQ 之类及时通信软件等。实际上,在这些需要"密码"的场合,密码都没有出现,尽管口令有时会被加密以便安全传输,但那与口令本身是不是密码毫无关系。从普遍意义上讲,口令仍然与用户名信息没有充分必要的关联。

既然如此,那么什么才是真正的密码呢?《辞海》中是这样描述的:按特定法则编成,用以对通信双方的信息进行明密变换的符号。

其实,密码是一门有着悠久历史的科学。相传在公元前 405 年,雅典和斯巴达之间的伯罗奔尼撒战争已进入尾声,斯巴达军队逐渐占据了优势地位,准备对雅典发动最后一击。这时,原来站在斯巴达一边的波斯帝国突然改变态度,停止了对斯巴达的援助,意图是使雅典和斯巴达在持续的战争中两败俱伤,以便从中渔利。

在这种情况下,斯巴达急需摸清波斯帝国的具体行动计划,以便采取新的战略方针。正在这时,斯巴达军队捕获了一名从波斯帝国回雅典送信的雅典信使。斯巴达士兵仔细搜查这名信使,可搜查了好大一阵,除了从他身上搜出一条布满杂乱无章的希腊字母的普通腰带外,别无他获。情报究竟藏在什么地方呢?斯巴达军队统帅莱桑德把注意力集中到了那条腰带上,情报一定就在那些杂乱的字母之中。他反复琢磨研究这些天书似的文字,把腰带上的字母用各种方法重新排列组合,怎么也解不出来。最后,

莱桑德失去了信心,他一边摆弄着那条腰带,一边思考着弄到情报的其他途径。当他无意中把腰带呈螺旋形缠绕在手中的剑鞘上时,奇迹出现了。原来腰带上那些杂乱无章的字母,竟组成了一段文字。这便是雅典间谍送回的一份情报,它告诉雅典,波斯军队准备在斯巴达军队发起最后攻击时,突然对斯巴达军队进行袭击。斯巴达

军队根据这份情报马上改变了作战计划,以迅雷不及掩耳之势攻击毫无防备的波斯军队,并一举将它击溃,解除了后顾之忧。随后,斯巴达军队回师征伐雅典,终于取得了战争的最后胜利。

雅典间谍送回的腰带情报,就是世界上最早的密码情报,具体运用方法是,通信双方首先约定密码解读规则,然后通信方将腰带(或羊皮等其他东西)缠绕在约定长度和粗细的木棍上书写。收信方接到后,如不把腰带

情报保护神——密码

缠绕在同样长度和粗细的木棍上,就只能看到一些毫无规则的字母。后来,这种密码通信方式在希腊广为流传,被称为 *Skytale* 加密法。现代的密码电报,据说就是受了它的启发而发明的。

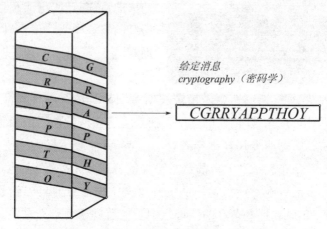

给定消息
cryptography（密码学）

CGRRYAPPTHOY

Skytale 加密法示意图

这就是密码学发展的雏形时期,古希腊墓碑的铭文志、隐写术、古代的行帮暗语以及一些文字猜谜游戏等都是古代加密方法。这种加密方法通过原始的约定,把需要表达的信息限定在一定的范围内流通,已体现出了密码学的若干要素,但只能限制在一定范围内使用。

为了接下来更好地进行本书的阅读,我们通过一个虚拟的故事来介绍一下密码学中几个重要的基本概念,同时,故事中的三个主人公(小明、小虹、小强)将会伴随我们直到本书阅读结束:

> 大家好,我是小虹。下面向大家介绍
> 我的好朋友小明及我的淘气哥哥小强。

大家好，我是小明，小虹的好朋友。
我经常给小虹写信。

大家好，我是淘气鬼小强，小虹的哥哥。
我经常偷看小明和小虹的通信，好奇嘛！

小明和小虹是一对好朋友，由于父母工作调动，分居两地。基本设定之一就是：他们联系彼此的手段，只有写信——不提手机和互联网。可是小虹的哥哥小强非常调皮，总是私拆这对好朋友的信件。令他们头疼的是，来往信件必须经过小强过目，这就是故事的基本设定之二。

为此，小明与小虹约好，开始使用"特定代码"炮制天书——这就是说，他们要开始使用密码了。具体来说，小明先写好一封信，然后找来《现代汉语词典》，把信中的每个字都查出来，然后把这些字在字典中对应的页码数和行数都记录下来，再按行文顺序抄录在另一张纸上，最后寄出。小强成功地截获了这封信，但是完全没有看懂里面的一串串数字在说什么。最后，小虹成功地拿到信，又拿出《现代汉语词典》，把文字翻译出来，成功地读到了一封来信。

故事讲到这里，"密码学"的几个最重要概念都已经先后呈现：

小男孩小明：加密方、发送方

小女孩小虹：解密方、接收方

小虹哥哥小强：非法接收方

原文：明文

《现代汉语词典》：密本

根据《现代汉语词典》转抄：加密过程

情报保护神——密码

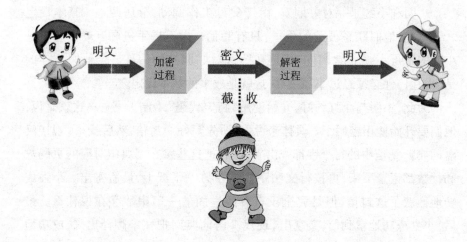

抄录的信:密文

寄信:密码通信

小强收到信:截获

小强读信:密码破译

小虹读信:解密过程

如此一来,上面那个故事,就可以用密码术语重新改写成一句"冷冰冰"的话:

发送方(小明)使用密本,对明文进行加密或密码编码,发送后遭到非法接收方(小强)的截收;但非法接收方破译或密码分析失败,而接收方(小虹)成功解密。

加密规则与解密规则互为逆运算,由于他们事先约定好了运算规则,并且高度保密,所以这一对运算分别被称为**加密密钥**、**解密密钥**。

密码无处不在,在数字化时代的今天,我们每个人更是被一大堆编码所加密。围绕密码所展开的斗争甚至远胜于战争本身,它既是人类智力的另类较量,又是数学神秘之美的比拼。

如果你既聪明又勤奋,那你也能学会如何破解密码。我们将大致按照密码学发展的时间线索，向你展开密码发展长达几千年的瑰丽画卷；使你了解并学会使用一些从古至今最重要的密码方法，以及其他保密通信的基本方法。

　　你准备好了吗？让我们跟随着小明、小虹和小强一起进入奇妙的密码世界吧！

第一章

话说形形色色的早期加密术

小明，听说在古时候有不少有趣的加密方法呢！

那我们就去了解一下吧。可以的话，还可以用在我们的通信里！

保护信息的过程具有悠久而迷人的历史。目前所知最早的密码是公元前1900年由埃及石工刻在岩石上的：一些特殊的符号代替了通常的象形文字，描述了书写者的主人伽南·侯伯特二世的故事。在底格里斯河畔，人们发现了一块公元前1500年的加密小牌，其中隐藏了给陶瓷上光的秘方。

在古埃及人的坟墓中发现了早期的编码与加密。其实际的使用已经失传了，但据推测，这些"密码书法"是为了给墓主的生活增加神秘气氛，从而提高他们的声望。希伯来人开发了三种不同的加密法：*atbah*、*atbash* 和 *albam*，它们都是以替换为基本工作原理的。一个字母表的字母与另一个字母表的字母配对。通过用相配对的字母来替换明文中的每个字母，从而生成密文。这种配对关系就相当于密钥，每种加密法都有不同的配对方式。

atbah 加密法是先用数字按顺序标出希伯来字母表中的每个字母,就像在英语中将"*a*"标为 1,"*b*"标为 2,等等。前 9 个希伯来字符进行配对,这样使它们的值之和为 10;其余的再进行配对,其值之和为 28。消息中的每个明文字母都被配对的字母替换。*atbash* 加密法是把字母表中的最后一个字母与第一个字母配对,倒数第二个字母与第二个字母配对,以此类推。*al-bam* 加密法则是把字母表分割为两部分,再使其两两配对。

古埃及金字塔

正在劳作的古代奴隶

一、隐迹书写术

据说早期的希腊人使用的一种"秘密书写"方法是,先将奴隶的头剃光,然后将消息刺在头上,等头发长好后,再派他上路。这其实就是夹带加密法的一个示例,因为消息并没有编码,只是进行了隐藏而已。

这种"秘密书写"方法虽然不能算是严格的密码术,但是作为保护信息的方法之一,却沿用至今。下面不妨先介绍一些采用隐迹墨水书写的密写方法,它们更多地流传于间谍之间。

最好的密写墨水是用一些特殊的化学物质制成的,如用硫酸铜制成的墨水,经氨水熏后就变成红色;用无色的硫酸亚铁溶液写成的文字,经棉花蘸铁氰酸化钾擦拭后变成蓝色。它们常被称为"隐显墨水",其制作配方有数百种。用这些墨水写的文字需用另一类叫做"显示剂"的化学物处理后才能显现。此类化学物中有些是危险品,除非你精通化学并有正确的预防措施才能使用它们。

职业间谍几乎不会把隐迹墨水写在空白纸上,因为它如果被截获的话

情报保护神——密码

很容易引起怀疑。一般的做法是,按通常的样子打印或手写一份假信,然后用隐迹墨水在行间空白处写上密文。也可以把密文写在看上去很平常的信件或照片的背面;或与可见文字形成一定的角度,把密文斜写在信纸上。

另一种常用的做法是,把隐迹墨水涂在书或杂志中分散的字母上。收到书或杂志后,令墨水显迹,然后顺序读这些有标记的字母,就获得了原文内容。

有许多物质可以用来制作一种隐迹墨水,它们会在紫外射线(即所谓"黑光")下发光。这种墨水现在已被广泛用于溜冰场、舞厅和游乐场,用它在你的手背上盖个戳,以便在你要离开一会儿再返回时,确认你已经付过钱而允许进入。银行使用黑光来查看证件上通常隐形的签名。迷幻海报使用只有在黑光下才会闪耀出现的色彩。

自己动手制作隐形墨水

现在介绍一种最简单的只能在"黑光"下看见的墨水的方法:将含有荧光增白剂的洗衣粉溶于水中,这种荧光增白剂受到紫外线照射会被激活,发出闪闪的荧光。

当然,必须要有"黑光"源。在医疗仪器商店或五金商店都供应石英紫外线灯管,可正好装入标准的荧光灯管支架中。

短波紫外射线会损害眼睛和皮肤。你在打开它时应该戴上深色的太阳镜,并且禁止直接看灯管。还要穿戴好衣裤、鞋帽和手套,避免裸露的肌肤受到紫外线的伤害。

在经过了一些试验后，你应该已不太费事地制成了很好的墨水，它在普通灯光下是看不见的，但在"黑光"的照射下，就会像发光涂料一样，发出一种奶白色的光。

> 隐迹书写术很有趣啊！
>
> 小明，我们下次写信也试试吧！

二、古怪的送信方法

间谍们为发送秘密信文使用了种种奇特的方法，讲也讲不完，其中有许多方法不够实用。比如说，用包有信文的食物喂猫，把猫送出，然后把猫杀了以获取信文。还有，半盎司（1 盎司 ≈ 31.1035 克）明矾和一品脱（1 品脱 ≈ 0.5683 升）醋配成溶液，用它在鸡蛋壳上写字，再把鸡蛋煮熟送出，去掉蛋壳后，就可以看到那些文字印在蛋白上。

就在第一次世界大战前夕，德国人发明了"微点摄影术"，并用它来传递密信：整张打印纸或图纸的照片被缩成如同印刷符号句点一样的大小。此秘术直到 1941 年才被美国得知：当时的联邦调查局在一名德国间谍所携带的信中找到了这样的微点，并发现这个粘在信纸上的小不点竟然是一张照相底片，把它放大后，隐藏的密文就显露出来了。

下面介绍一种有趣的送信方法——扑克牌码，简单实用，你也可以在实际生活中使用。

这是用一副扑克牌来传载秘密信文的不同寻常的方法。扑克牌的背面需有花纹，以使 54 张牌能按相同方向的背面花纹排列。此外，你和你的朋友应商定好扑克牌的叠放顺序。比如说，从上到下的顺序是这样的：先是黑桃 A 到 K，接着依次是红心、草花和方块，皆从 A 到 K，最后是大小王。

　　将扑克牌按规定的顺序叠放好后，令其四边对齐，再用一只手紧紧握住，另一只手拿铅笔在牌叠的四周写字：用大写字母，所有的横画和竖画均应斜写，方向一致。

014

　　拿掉半幅扑克牌并令其头尾调转，以使两半的背面图纹正好相对，然后洗牌；如此洗牌几次，这时牌叠四周的文字已完全看不出。这其实是一种换位加密的方法，但它把每个字母的细小部分都混合起来，把字母的竖画和横画斜着写，这是为了使原文的置乱更有效。

　　收到这幅扑克牌的人把牌按约定的顺序叠放，并令其背面图纹的方向一致。然后他就可以读到写在牌叠四周的文字了。他现在可以把上面的铅笔文字擦了，然后在同样的牌叠上写下回复文字，再把扑克牌洗乱后送回。

扑克牌码的方法简单易行。
小虹，下次我们也试试吧！

三、文学作品中的密码

密码术在很多文学作品中都有描述,这里介绍一下亚瑟·柯南道尔所写的广为流传的神奇故事——《福尔摩斯探案集之人形密码》,大名鼎鼎的福尔摩斯通过破解加密体制,展示了他非凡的聪明才智。下面是故事中关于密码部分的概要:

希尔顿是福尔摩斯的一个朋友,他最近结婚了,他给福尔摩斯发去了一封信,信中有一张纸是他在花园中发现的,这张纸是用跳舞的棒形小人所写的。

图 1-1

两个星期后,他又发现有人用粉笔在他的工具间的门上写下了另外一些小人的信息:

图 1-2

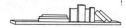

两天以后,又出现了另外的信息:

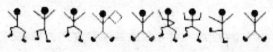

图 1-3

又过了三天,另一幅小人图出现了:

图 1-4

希尔顿将所有这些小人图拷贝了一份给福尔摩斯,福尔摩斯花了两天的时间进行了大量的计算后,马上发了一封电报,但两天过去了却没有收到电报的回音,随后收到希尔顿发来的另外一封信:

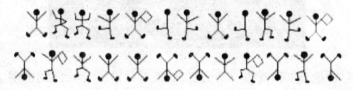

图 1-5

第二天,当福尔摩斯赶到达希尔顿家时,发现他已被枪杀,他的妻子也受了枪伤并且情况危险。福尔摩斯问了几个问题,并让人给附近农场的艾博送去了一张字条。随后福尔摩斯向警察解释了他是如何解密这些信息的:

首先,他猜测小人手中的旗表示单词结束;

其次他注意到最普通的人是:

而通常 26 个英文字母中出现频率最高的字母是"E",因此很可能这个符号是 E,图 1-4 表示"-E-E-"信息,很可能是 LEVER、NEVER、SEVER 等含义,但因为很可能这是用一个单词来回复以前的信息,福尔摩斯猜测它是 NEVER;

再次,福尔摩斯观察下面的信息:

有形如 E---E 的形式,它很可能是 ELSIE,第 3 个信息就是---E ELSIE,福尔摩斯想尽了各种组合,最后得出 COME ELSIE 是唯一一种可能的情况。因此第一条信息是-M-ERE--E SL-NE-,福尔摩斯猜测第一个字母是 A,第三个字母是 H,这就表示信息 AM HERE A-ESLANE-,它完整的内容应该是 AM HERE ABE SLANEY。第二条信息就是 A-ELRI-ES,当然,福尔摩斯很正确地猜出这一定表明是艾博所在的地方,仅剩余的字母表明的相当完整的短句就是 AT ELRIGES,当最后一封信到来后,解密出是 ELSIE-RE-ARE TO MEET THY GO-,这样他意识到空缺的字母分别是 P,P,D,于是他开始非常关注,这也就是后来他决定去找希尔顿的原因。

随后,福尔摩斯设局引出凶手艾博。在审讯的过程中,艾博承认是他开的枪,并说是希尔顿妻子的父亲琼在芝加哥指使的,使用的也是他的枪,但为什么艾博又掉进了福尔摩斯设的圈套呢? 福尔摩斯拿出他写的字条:

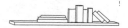

从字母中已经可以推测出,信息的含义是 COME HERE AT ONCE!

四、换位加密术

1.栅栏加密法

换位加密并不改变原文的任何字母,它只是按照某个保密的规则把字母重排,使得任何知道该规则的人都能够把字母放回原来的位置而读懂原文。最简单的换位加密只是把原文回写。例如

AGENT 826 IS ON HIS WAY(间谍 826 正在路上)

回写就成了 YAW SIH NO SI 628 TNEGA。

回写加密方法的主要问题在于,它太容易被别人识破了。如果你保持原文中词的顺序,只是把其中每个词分别进行回写,这样做会增加一点破解的难度,难也不会太难。接下来介绍的栅栏加密法要更好些,而且也很

容易记住和使用。

假设你要加密这样一段原文：MEET ME TONIGHT（今晚见我）

数一下其中字母的个数。如果个数正好是 4 的倍数，那么很好。否则的话，在原文的末尾补加足够的哑字母①，使其字母个数正好为 4 的倍数。在例子中，原文共有 13 个字母，所以再加上 3 个哑字母 QXZ②，使总数达到 16。这些哑字母叫做"空"。把原文中的字母写成一上一下的样子，使它看上去就像铁路两旁的栅栏：

M   E   M   T   N   G   T   X

E   T   E   O   I   H   Q   Z

把上面一行抄下来，然后再抄下面一行。就得到：

MEMTNGTXETEOIHQZ

如果把密文分成 4 个或 5 个字母一组，这样加密和解密就会更加简单准确；因为在一组一组地写原文时较容易记住那么多的字母。另外，这也使敌人更难破解密文，因为这里看不出词与词之间的间隔。下面采用 4 个字母一组的方法，这就是要在上面的原文中加 3 个"空"的原因。通过把字母增加到 16 个，我们可以保证密文中的最后一组有 4 个字母，同其它组一样。密文的最后形式将会是这样的：

MEMT   NGTX   ETEO   IHQZ。

解密就像加密一样容易。首先，用一根竖线把整个密文对分：

MEMT   NGTX|ETEO   IHQZ。

现在，依次检出如下字母：左半边第 1 字母，右半边第 1 个字母，左半边第 2 个字母，右半边第 2 个字母……这样一直下去，就读出了原文。末尾的三个空被忽略，很容易猜到词与词之间的间隔在哪里。

如果你愿意，也可以把栅栏加密的上下两行位置颠倒；也可以把其中一行顺写，而另一行回写。当然，解密的过程也要作相应的改变，可以很容易地自己确定此过程。

----

① 哑字母，没有实际意义的字母，补充它们是为了字母个数为 4 的倍数，才好进行加密。

② 加成其它字母也可，如 AAA，ABC，等等。

2. 曲路加密法

这是用"字母置乱技术"来改进的栅栏加密法。它需要使用一张矩形网格,把它称之为"矩阵",就像是由空白方格组成的棋盘。例如,明文为

meet me thursday night

这段明文有 19 个字母。我们要加上足够的"空",使之成为 4 的倍数。因为有 20 个字母正好可使用一个 4×5 矩阵。末尾带有哑字母 X 的这段明文写在这 20 个空格中,按从左到右、从上到下的顺序:

m	e	e	t	m
e	t	h	u	r
s	d	a	y	n
i	g	h	t	x

图 1-6

下一步是要沿着一条特定的线路走遍整个矩阵,该路线的形状是所有要使用这种密码的人在事前商定的。如果选定的路线是沿着第一行开始,从左到右地水平行进,这显然不好,因为得到的密文就会以 meet 起头,很容易被认出是一个单词,从而提供了破解密码体系的线索。有一种好的路线,称为"犁路",因为农民犁地时就是走这样的路,本例中的犁路如图 1-7 所示:

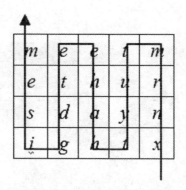

图 1-7

把这条路线上的字母依次抄下：从右边最底下的格子开始。然后沿着路线向上向左。把得到的密文分为 4 个字母一组，结果如下：

XNRM TUYT HAHE ETDG ISEM

解密时，画一个 4×5 的空白格子矩阵，然后把密文中的字母依次写入这些格子。第 1 个字母 X 写入右下角的格子，第二个字母 N 紧接着写入上面一格；沿着与加密时所用的同样"犁路"，继续写完所有的字母。最后从第 1 行开始，从左到右逐行读出原文。

另一种好路线是螺旋路线。可以从任意的角上格子开始，向内旋转，顺时针或逆时针；也可以从某个中心格子开始，然后向外旋转，如图 1-8 所示：

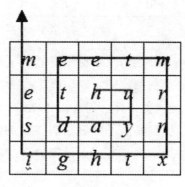

图 1-8

此螺旋产生了如下的密文：

HUYA DTEE TMRN XTHG ISEM

如果还想让密码更难破解，则可以结合使用两种不同的路线。例如：在矩阵方格中写信文时，可以不采用从左到右逐行写的路线，而是沿着一条犁路写；然后沿着螺旋路线取字母得到密文。解密时，先沿着螺旋路线把密文写出，然后沿着犁路读出原文。

当然，必须与每位收信者事先商定好所使用加密方法的全部细节，包括矩阵的规格。如果你希望每次加密信文所使用的矩阵的大小和形状有所变化，则可在密文的开头加一数字以表示矩阵的高，在末尾加另一数字以表示矩阵的宽。不过，这样做可能会给敌人提示——在使用矩阵置乱字母。你可改用密写墨水把"4-5"写在信纸的角落上，或在信文的第4和第5个字母头上加点，还可以使用你自己发明的任何其它方法。

路线不必是连续的。可以按列行进，从右到左，从下到上。也可以采用间断或连续的对角线。比如说，从下往上，从左到右的对角路线：

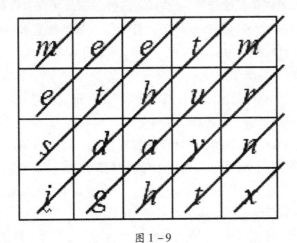

图 1-9

其实，你可以采用你所喜欢的任何一条路线，只要每位收发密文的人都准确地知道究竟在使用哪种路线。

我喜欢换位加密术，简单易操作！

小明，你呢？

加密术中还有一类叫做替换加密术。

想想之前我们的字典加密法，也是这一类呢！

五、替换加密术

1. 猪圈加密法

022

在替换加密术中，字母的位置保持不变，但是每个字母都被另外一个不同的字母(或许是某种符号)所替代。这种加密之所以叫做替换加密，是因为原文中的每个字母都被某种东西替换了。替换加密和换位加密可以用种种方式结合起来使用，但这样会使密码变得太复杂，以致在加密和解密过程中都很容易出错。

如果有一个较容易记忆的替换方法，那会有很大的好处。因为如果你和你的朋友必须带着一个完整的字母替换表到处走，那很可能被别人发现和偷走。于是他就可以读出你所有的加密原文。此类事情在历史上其实已发生过多次：一个间谍设法偷到了字母替换表，或设法复制了一份。当然，这个加密体系就变得完全没有价值了。然而如果加密体系只存在于你的头脑中，那么任何人都无法偷到它。

一种最简单最古老的替换加密方法是：先顺写一遍字母表，然后在它下面回写一遍字母表。如以下所示：

$$ABCDEFGHIJKLMNOPQRSTUVWXYZ$$
$$ZYXWVUTSRQPONMLKJIHGFEDCBA$$

其中每一个字母都代表了直接在它下面(或上面)的那个字母。于是，

原文:*MEET ME THURSDAY NIGHT*

可写成:*NVVG NV GSFIHWZB MRTSG*

另一种简单的替换加密方法是用数字给字母表中的字母编号:可以按顺序编号(A＝1,B＝2,C＝3,等等),或按逆序编号(A＝26,B＝25,C＝24,等等)。然后用数字替换字母以完成加密。数字之间必须加横线,以区分一位数和两位数。

这两种方法在实际应用中有太大的风险。因为它们广为人知,所以你的敌人很可能也知道它们。只需用一两分钟,就能够测试密文是否使用了此类简单的替换加密方法。以下所介绍的猪圈加密法要安全得多。

此加密法之所以起这个名字,是因为它用直线把字母隔开,就好像用围栏把猪围养起来。它也叫做"共济会密码",因为共济会早在100多年以前就使用它了。另外,据说在美国的南北战争时期,南部联邦的士兵也使用这种密码。

交替着画两个井字线和两个 X 线图案,如图 1－10 所示,并对后两个图案中的各分块标上点。

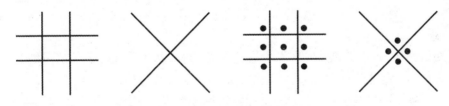

图 1－10

现在,把 26 个字母分别写入这四个图案的 26 个分块中。

图 1－11

在以上的字母表体系中,字母在两个井字线图案各列中的顺序是由下往上(列是从左往右);在两个 X 线图案中的字母顺序是按逆时针方向,且从底下那块开始。

原文的加密方法是:每个字母都用图案中包含该字母的带点或不带点的分块图形来表示。用此方法加密原文 cryptography(密码学),就是如下的样子:

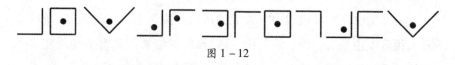

图 1-12

2. 波利比奥斯棋盘

波利比奥斯是古希腊的作家,他首先提出了用不同的两位数来替换字母的加密方法。26 个字母被写入一个编有行号和列号的方阵中:

	1	2	3	4	5
1	A	B	C	D	E
2	F	G	H	I	J
3	K	L	M	N	O
4	P	Q	R	S	T
5	U	V	W	X	Y/Z

注意,Y 和 Z 同时被写入最后一个格子中,以使所有的字母都可纳入方阵。根据上下文,能够判别明文中用的究竟是 Y 还是 Z。

加密时,用每个字母所在的行号和列号合成的两位数来表示该字母。行号总在前。比如说,字母 J 的表示数就是 25,单词 cryptography(西瓜)加密后就成了:

13 - 43 - 55 - 41 - 45 - 35 - 23 - 43 - 11 - 41 - 23 - 55

解密时,只需根据所给的数找出所对应的字母就可以了。第一个数是13,这告诉我们去找第 1 行第 3 列交叉的那个字母。

猜谜游戏

如果你站立着,脸朝东,背向西,那你的左手上是什么?

21 – 24 – 34 – 22 – 15 – 43 – 44

答案:fingers

六、简单的密码机械

1.打字机加密法

在第二次世界大战中,日本使用过的密码体系中,有手工密码,还有非常先进的机器密码:其加密和解密操作是通过一台精巧的打字机(美国密码分析专家称之为"紫色"PURPLE 密码机,主要在外交官员中使用)。在日本偷袭珍珠港之前不久,美国的密码分析专家已经成功地破解了这种密码。《芝加哥论坛报》是总统富兰克林·罗斯福的死对头,该报捅出了顶级机密:美国已经破解了日本人的密码。但日本的领导人拒绝相信它!在剩下的战争日子里,他们继续使用密码打字机。从而确保美国人取得巨大的军事优势。

其实,你也可以尝试制造许多非常简单的密码装置,同样可以有多种方法来利用普通设备发送密文。之前所介绍的斯巴达人加密的方法是已知最早的加密装置。以下所要介绍的是打字机加密法(*Typewriter Codes*):

情报保护神——密码

　　普通的打字机可以提供多种简单的替换加密方法。例如，不要击打表示正确字母的那个键，而是击打它上头偏左的键；也可以选择击打它的右旁键，或击打上头偏右的键。如果你选择击打上头偏左键的方案，那么 *I LOVE YOU* 打字后成了：

8　O9F3　　697

而如果选择击打右旁键的方案，那又成了

O　;PBR　　UPI

　　为了让密码更难被破解，可以将上述两种方案交替使用，并且从击打上头偏左键开始，那就得到

8　;9B3　　U9I

　　其解密方法同往常一样，就是把加密过程反过来执行：如果密码使用的是击打右旁键的方案，那就通过击打密文中每个字母的左旁键来解密。其它加密方案的解密方法类似可得。

　　2. 阿尔贝蒂圆盘

　　如图 1 – 13 所示：

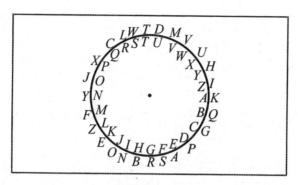

图 1 - 13

这种简单的轮式装置可以迅速提供 26 套不同的替换加密字母表,而你可以利用它来实现上千种不同的替换加密方法。该装置的制作很简单,只需从硬纸板上刻下一个圆盘,然后把它放到另一张硬纸板上,用纸扣钉通过圆盘中心扣住。

请注意,里面一圈写在圆盘边缘上的 26 个字母按正常的字母表顺序;但外面一圈写在背景硬板纸上的字母是随机排列的。当然,你和你的朋友必须使用完全一致的轮式圆盘。

在写密文之前,转动圆盘直到你所中意的字母正好对着圆盘边缘上的字母 A,这个在外圈上的字母就称为你的密文中的首字母;以后就保持圆盘位置不动,对于信文中的每个字母,先在内圈字母表上找到它,然后使用它所对应的外圈字母。收信者只需按照密文中的首字母设定好自己的圆盘位置,然后就可以利用它来解密。

在上图中,圆盘设定的位置是 K 对应于 A。因为可以有 26 个不同的字母对应于 A,所以能选择 26 套不同的字母表。你可以每次发信使用不同的密码表。如果按上图所设定的位置,那么信文 *Where is ming*,加密后就成了:

VBALA NW FNYR

这是一种单表加密,这意味着它并不难破解。要将阿尔贝蒂圆盘用于多表加密,使之极难被破译,只需简单地在每加密一个字母之后就转动一次圆盘,其转动程序可任由你定。一种简单的程序就是每次让圆盘顺时针

转过一个字母。当然,你可以很容易地想出更复杂的程序。另一种更复杂的程序是令圆盘按一组随机数字转动,这些随机数可以通过密钥词来记忆。

稍微动一下脑筋,就可以设计出五花八门的多表加密程序,使它们几乎不可能被破译。但是它们不能太复杂,否则将使人很难做到快捷地加密、解密,并少犯错误。

这种加密装置最早的发明者是莱昂·巴蒂斯塔·阿尔贝蒂,15 世纪的一位意大利建筑师。他写的关于密码的著作,使他获得了"西方密码学之父"的称号。阿尔贝蒂圆盘后来被许多人重新发明。

 猜谜游戏

哪个词使得每个人都读错?

Z R P G M

注:使用上图中的圆盘,不过内圈的 A 对应于外圈的 X,如密文中的首字母所示。

谜底:wrong

(本章内容部分改编自 M·加德纳《趣味密码术与密写术》,在此致以感谢)

第二章

散发恺撒大帝光辉的密码——
Caesar 密码

加密和解密的方式千差万别,但任何密码体制本质上都是采用了不同的数学模型,从古典保密体制到现代各种安全措施,密码显现出各种不同形式,主要分为两种基本类型:

一种是**位移式**,一种是**置换式**。

位移式密码只对明文中字母的顺序重新排列或调整,但不改变字母本身;置换式密码则用其他字母代替明文中的字母,但不改变字母的顺序,有的密码体制则同时使用这两种密码类型。

即将介绍的恺撒密码体制就是古典密码体制中的杰出代表。

从认识恺撒开始

盖乌斯·尤利乌斯·恺撒即恺撒大帝,罗马共和国(今地中海沿岸等地区)末期杰出的军事统帅、政治家。

恺撒出身贵族,历任财务官、祭司长、大法官、执政官、监察官、独裁官等职。公元前60年与庞培、克拉苏秘密结成前三头同盟,随后出任高卢总督,花了8年时间征服了高卢全境(大约是现在的法国),还袭击了日耳曼和不列颠。公元前49年,他率军占领罗马,打败庞培,集大权于一身,实行独裁统治。制定了《儒略历》。公元前44年,恺撒遭以布鲁图所领导的元老院成员暗杀身亡。恺撒死后,其养子屋大维击败安东尼开创罗马帝国并

成为第一位帝国皇帝。

　　恺撒是罗马帝国的奠基者,故被一些历史学家视为罗马帝国的无冕之皇,有恺撒大帝之称。甚至有历史学家将其视为罗马帝国的第一位皇帝,以其就任终身独裁官的日子为罗马帝国的诞生日。

　　恺撒与同时代的西塞罗被后世并称为拉丁文学的两大文豪,恺撒生前曾留下大量的私人信件与文章,但由于奥古斯都将恺撒神化为神君,因此绝大多数的著作都遭到了销毁。目前恺撒主要的传世著作是他亲身经历的战争回忆录:《高卢战记》、《内战记》,至今仍因高度的文字水平被西方学校教育作为拉丁语教材。他的备忘录《高卢战记》共七卷,涵盖了公元前58年到公元前52年的战事,公元前51年或公元前50年刊发一至七卷,后来希尔提乌斯续写第八卷,记载公元前51年到公元前50年的事件。这些备忘录是恺撒仅存至今的著作。

　　此外,还有一些与恺撒有关作品,包括一部趣事和谚语集、一部献给西塞罗有关变格和变位的语法书以及大量诗歌作品。现存的《非洲战记》、《亚历山大城战记》和《西班牙战记》可能是恺撒军中的士兵所写。

　　古罗马随笔作家苏托尼厄斯在他的作品中披露,恺撒大帝常用一种"密表"给他的朋友写信。这里所说的密表,在密码学上称为"恺撒密表"。用现代的眼光来看,恺撒密表是一种相当简单的加密变换,它是把明文中的每一个字母用它在字母表中位置后面的第3个字母代替。古罗马文字来源于拉丁文,其字母就是我们从英语中熟知的那26个拉丁文字母。因此,恺撒密表就是 $a\rightarrow D,b\rightarrow E,\cdots,z\rightarrow C$。这些代替规则也可用一张表格来表示,所以叫"密表",如表 2-1 所示。

表 2-1　恺撒密表

明 文	a b c d e f g h i j k l m n o p q r s t u v w x y z
密 文	D E F G H I J K L M N O P Q R S T U V W X Y Z A B C

　　那么,在公元前 54 年,恺撒就是用这种密码给西塞罗写信的吗？有趣的是,密码界对这一点却持否定态度,因为密码学历史上还记载着恺撒使用的另一种加密方法:把明文的拉丁字母逐个代之以相应的希腊字母,这种方法看来更贴近恺撒在《高卢战记》中的记叙。显然,哪一个拉丁字母应该代之以哪一个希腊字母,事先都有约定,恺撒知道,西塞罗也知道,不然的话,西塞罗收到密信后,也会不知所云。

　　为简单起见,我们用英文来介绍这种密码体制,恺撒密码的加密方法是取一个数 $k(1\leq k\leq 25)$,然后将明文中每个英文字母改用在 k 位之后的那个字母来代替(注:最后一个字母 z 之后又从字母 a 开始循环)。

　　看来,小明和小虹之间的加密方式可以得到升级啦!

　　我跟小虹约定了加密密钥 $k=3$ 。

　　试着将明文 *"battle on Tuesday"* 用恺撒密码体制加密。

　　为简单起见,在之后的所有内容中,我们均做出下面的约定:

①忽略明文中的字母大小写、空格以及标点符号,这可能让你不太适

应,但是经过解密后,几乎总是可以正确地还原明文中的这些空缺。

②为了更好地区分明文与密文,约定明文用小写字母表示,密文则用大写字母表示。

按照恺撒密码体制加密运算的规则,可以直观的将 26 个英文字母顺时针方向排成一个首尾相连的圈,通过顺时针"数数"的方法进行加密运算,如图 2－1 所示。

ABCDEFGHIJKLMNOPQRSTUVWXYZ

图 2－1

它是不是很像手机游戏"贪吃蛇"中那只误吃了自己尾巴的蛇?

"贪吃蛇"游戏

图腾(蛇咬住自己的尾巴)

让我来告诉你怎么用"数圈"的方法进行加密吧——

首先找到字母圈中的字母 b，顺时针方向的第 3 个字母就是明文字母 b 对应的密文，即 E。按照这样的方法，将明文中的每一个字母都以顺时针方向的第 3 个字母来替代，就得到了相应的密文。

同样的方法，可以很容易得到以下密文（表 2－2）：

表 2－2

明 文	b	a	t	t	l	e	o	n	t	u	e	s	d	a	y
密 文	E	D	W	W	O	H	R	Q	W	X	H	V	G	D	B

现在我收到了来自小明的密文了，应该怎样得到明文呢？

加密过程完成了！如何将它进行解密①从而得到明文呢？

对应于方法一的加密过程，即顺时针方向数字母圈的第 3 个字母作为密文；解密过程就是逆时针方向数字母圈的第 3 个字母作为明文即可。你不妨试一试？

显然，上面介绍的"数数"的加密与解密的方法非常简单，但是，如果是让你加密一篇成百上千单词量的明文，这种方法就显得不够聪明了。全人工的操作需要花费的时间过长，在惜时如金的战场上往往会错失先机！下面我们来帮助小明寻找一个更易操作的方法——能够在机器上实施。

要能够实现机器加密，首先需要把字母数字化，将 26 个英文字母依次与如下数字对应（表 2－3）：

---

① 解密：将密文恢复成原明文的过程或操作称为解密。解密也可称为脱密。

情报保护神——密码

表2-3

a	b	c	d	e	f	g	h	i	j	k	l	m
0	1	2	3	4	5	6	7	8	9	10	11	12
n	o	p	q	r	s	t	u	v	w	x	y	z
13	14	15	16	17	18	19	20	21	22	23	24	25

即将 $a,b,c,\cdots,y,z$ 依次用数字 $0,1,\cdots,24,25$ 表示。

仔细观察下表,明文与密文对应的数字之间,你能发现什么规律?

表2-4

明文	b	a	t	t	l	e
对应数字	1	0	19	19	11	4
密文	E	D	W	W	O	H
对应数字	4	3	22	22	14	7

发现当将明文字母 b 之后第 3 个字母 E 作为密文字母时,对应的数字也由 1 增加到 4;其余字母皆有相同的现象。那么,加密过程可以初步写成 $y=E(x)=x+3$。然而,明文字母为 y(对应数字为 24),对应的密文字母是 b(对应数字是 1),显然,$1\neq24+3$,那么 1 与 27 之间有什么联系呢?再次观察字母数字对应表,发现对应的数字均在 0-25 之间,27 根本找不到对应的字母!这不禁让我们想到第一种方法中的字母圈,字母 z 之后又回到字母 a,每 26 个字母一个循环。

这样的例子在生活中并不少见！仔细观察墙壁上的挂钟,时针每十二个小时就会回到原点;再看我们的月历,每七天一个循环,周日之后又回到了周一。那么回到我们的问题,英文字母的个数 26 是一个循环。再联想到小学时候学过的带余数除法:$1 = 26 \times 0 + 1$,$27 = 26 \times 1 + 1$,于是可以发现数字 1 与 27 的一个共同点是被 26 除的余数都相同！而任意一个正整数被 26 除的余数为 $0,1,2,\cdots 25$ 中的某一个。这样我们也就可以理解,为什么字母数字对应表中的数字介于 0 – 25 之间了。要表示 1 与 27 被 26 除的余数相同,标准起见,我们约定一个符号"$\equiv$"(同余符号),把它记作 $1 \equiv 27$（mod26）;通俗地说,它表示"余数相同"的意思。

为了更好地进行一般化恺撒密码的加密、解密过程,我们引入下面关于数学中初等数论①的一些基本知识:

同余的概念和性质

设 $m(m \neq 0)$ 和 n 都是整数,如果有一个整数 k,使得 $n = km$,就说 n 是 m 的倍数,也说 m 是 n 的因数,也说 **m 整除 n**,记作 $m \mid n$,例如 $3 \mid 6$, $-4 \mid 12$,等等。

---

① 初等数论:研究数的规律,特别是整数性质的数学分支。

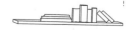

设 m 是正整数，a 和 b 是整数，如果 $m|(a-b)$，就说 a 和 b 同余模 m，记作 $a \equiv b(\bmod m)$。反之，如果 $a \equiv b(\bmod m)$ 不成立，就说 a 和 b 不同余模 m，记作 $a \not\equiv b(\bmod m)$。

例如上例中 1 和 27 同余模 26，而 2 和 27 不同余模 26。

于是，引进同余符号，则恺撒密码体制的加密运算可以表示为 $y = E(x) \equiv x + 3(\bmod 26)$，即明文字母对应数字加上 3 模 26 得到密文字母对应数字。

表 2-5 加密运算过程

明文	b	a	t	t	l	e	o	n	t	u	e	s	d	a	y
x	1	0	19	19	11	4	14	13	19	20	4	18	3	0	24
$y = x + 3$	4	3	22	22	14	7	17	16	22	23	7	21	6	3	27
$y = x + 3(\bmod 26)$ 加密过程	4	3	22	22	14	7	17	16	22	23	7	21	6	3	1
密文	E	D	W	W	O	H	R	Q	W	X	H	V	G	D	B

在研究使用恺撒密码体制加密的过程中，小明存在下面的疑惑，你能够帮助他解决吗？

问题一

恺撒密码体制加密规则中限定加密密钥 k 的取值范围是 $1 \leqslant k \leqslant 25$ 的整数，为什么？

如果加密密钥 k 取值为 0 或者取值为 26，在模 26 的运算效果下，明文字母与密文字母相同。如果加密密钥 k 取值为 27，那么，在模 26 的运算效果下，$k = 27$ 与 $k = 1$ 的加密运算相同。因此，加密密钥 k 的取值范围是 $1 \leqslant k \leqslant 25$ 的整数。

问题二

对应于方法二的加密过程，$y = E(x) \equiv x + 3 \pmod{26}$；作为逆运算的解密过程是不是 $x = D(y) \equiv y - 3 \pmod{26}$ 呢？你不妨试一试？

结果当然是可行的，但是，在解密过程中，一般不习惯出现减法运算，这样会让运算结果出现负数。于是，可以考虑 -3 在被 26 除的余数来等价代换，因此，可以考虑用 $x = D(y) \equiv y + 23 \pmod{26}$ 作为其解密过程，即取 $k' = 23$ 作为解密密钥。

聪明的你，一定能够同样进行解密运算吧！

解密运算为加密运算的逆运算，即。

$$x = E(x)^{-1} = D(y) \equiv y - 3 \equiv y + 23 \pmod{26}。$$

表 2-6　解密运算过程

密文	E	D	W	W	O	H	R	Q	W	X	H	V	G	D	B
y	4	3	22	22	14	7	17	16	22	23	7	21	6	3	1
$x = y + 23$	27	26	45	45	37	30	40	39	45	46	30	44	29	26	24
$x \equiv y + 23 \pmod{26}$（解密运算）	1	0	19	19	11	4	14	13	19	20	4	18	3	0	24
明文	b	a	t	t	l	e	o	n	t	u	e	s	d	a	y

问题三

恺撒密码体制是用"＋"来实现的,能否用"×"来"改造"它呢?

比如:取 $k = 3$

表2-7　加密过程

明文	m	a	t	h
对应数字	12	0	19	7
$3x$	36	0	57	21
$y \equiv 3x \pmod{26}$	10	0	5	21
密文	K	A	F	V

　　加密过程是比较顺利的! 接下来,如何将密文"$KAFV$"还原为明文"$math$"? 自然是要寻找对应的解密密钥。对比考虑:

恺撒密码体制:$k + k' \equiv 0 \pmod{26}$;"改造"后的体制:$kk' \equiv 1 \pmod{26}$

寻找 $k = 3$ 在模26意义下的倒数:$3 \times k' \equiv 1 \pmod{26}$ 逐一试试,$k' = 0$,$1,2\cdots$,试出;$k' = 9$。

表2-8　解密过程

密文	K	A	F	V
对应数字	10	0	5	21
$9y$	90	0	45	189
$x \equiv 9y \pmod{26}$	12	0	19	7
明文	m	a	t	h

自行选择下列中一个 k 值,将单词 $math$ 进行加密和解密运算。

$$k=4;k=5;k=6;k=7$$

哈哈！你可能会发现，当取 $k=4$ 时，找不到整数 k'，使得 $4k'\equiv 1(\bmod\ 26)$！而 $k=6$ 时也一样。你知道为什么吗？

被 26 除余数为 1 的数必为奇数，而偶数×整数=偶数，故 k 不能取偶数。因此，在使用乘法的加密过程中，加密密钥 k 的选择有了更多地限制！

当我们把乘法与加法融合起来进行加密，又会出现怎样的效果呢！在本书的第四章我们将会进一步向大家介绍。

小虹买一只钢笔花了多少钱？密文:SVSGL LHNA

她原本打算花多少钱买它？密文:GRA LHNA

（加密密钥 $k=13$）

谜底

密文	G	R	A		L	H	N	A
对应数字	6	17	0		11	7	13	0
密钥算法	19	4	13		24	20	0	13
明文	t	e	n		y	u	a	n

密文	S	V	S	G	L		L	H	N	A
对应数字	18	21	18	6	11		11	7	13	0
密钥算法	5	8	5	19	24		24	20	0	13
明文	f	i	f	t	y		y	u	a	n

情报保护神——密码

第三章

升级版的恺撒密码——Vigenere 密码

小虹，你发现恺撒密码有什么缺点吗？

恺撒密码是一种典型的单码加密法，加密和解密是模 26 的加法和减法运算，很容易进行。这种体制只将字母作位移，但不改变顺序，其缺点是密钥量太小，只有 25 个。如果知道密码体制，可以逐个试 k 的值，很容易就恢复成明文。

显然，恺撒密码随着历史的发展已经不再适用，下面向大家介绍的维吉尼亚（Vigenere）密码是一种多码加密法[①]，其中的每个明文字母可以用密文中的多个字母来替代，而每个密文字母也可以表示多个明文字母。例如，明文"e"可能在密文中有时出现为"F"，有时又出现为"M"；密文字母"S"有时可以表示明文"g"，有时又可以表示明文"c"。

在大约 6 个世纪前的 1412 年，埃及数学家迈德·卡勒卡尚迪在他编写

---

① 多码加密与单码替代相似，但是要制作多张换字表。其中，每张换字表里规定的字母替代关系都不同。比如，按第一张表的规定，K 将被替换成 U；而第二张表则规定 K 被替换成 M；第三张表又规定 K 将被替换为 Y，等等。

的百科全书中,第一次提出多码替代的思想。现在我们知道,如果想炮制出比那更复杂的多表替代密码,就必须要有"方表"和"密钥"两个关键性的东西才行。之前介绍过的15世纪的建筑师阿尔贝蒂被认为是第一个使用多码技术的人。他设计了一个加密转盘,其外圈部分可绕着内圈转动。内圈上有明文字母表,而外圈上有密文字母表。加密方法是,先设定外圈的初始位置从而确定替换模式。当一些字母被加密后,随着外圈的转动,替换模式将发生变化。这种方法将导致替换模式不断的改变(本书中第一章详细介绍过)。而在1508年,德国的一位修道院院长约翰内斯·特里特米乌斯首先构造出了方表;45年后的1553年,意大利学者吉奥万·巴蒂斯塔·贝拉索又设计出密钥。如此一来,"贝拉索密码"已经成为了当时相当先进的一种密码了,甚至到了将近3个世纪后,美国内战期间的北军仍然在用这个加密方法。

维吉尼亚(1523～1596年)

在1586年,法国外交官维吉尼亚结合"贝拉索密码",把恺撒密码的模型作另一种改进,大大增强了整个密码的安全强度。我们不妨先来看一个实例!

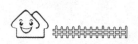

我跟小虹约定运用维吉尼亚密码,以"*finger*"作为密钥,再次加密明文"*battle on Tuesday*"!

那我们就一起来感受一下,它与之前的恺撒密码有什么相同和不同的地方。

第一步,查找字母数字对应表,得到密钥"finger"对应的数字表示为

$$(5,8,13,6,4,17)$$

第二步,加密时将明文序列与这 6 个数字不断重复的"周期序列"逐位作模 26 加法。

表 3-1　字母数字对应表

a	b	c	d	e	f	g	h	i	j	k	l	m
0	1	2	3	4	5	6	7	8	9	10	11	12
n	o	p	q	r	s	t	u	v	w	x	y	z
13	14	15	16	17	18	19	20	21	22	23	24	25

表 3-2　加密过程

明　文	b	a	t	t	l	e	o	n	T	u	e	s	d	a	y
x	1	0	19	19	11	4	14	13	19	20	4	18	3	0	24
加密密钥	5	8	13	6	4	17	5	8	13	6	4	17	5	8	13
$y=E(x)$	6	8	6	25	15	21	19	21	6	0	8	9	8	8	11
密　文	G	I	G	Z	P	V	T	V	G	A	I	J	I	I	L

恺撒密码的密钥是用同一个数字 $k=3$ 简单地重复成序列 3，3，3，……与明文逐位模 26 相加，维吉尼亚则增加密钥的长度。对于维吉尼亚密码，密钥是一个字符序列 $k=(k_1,k_2,\cdots,k_m)$，其中 m 为任意正整数。因此在原理上存在无限多个密钥。它是基于关键词的加密系统，不是像单码关键词加法那样使用关键词来定义替换模式的，关键词写在明文的下面，并不断重复书写，这样每个明文字母都与一个关键词的字母关联。

表 3-3　经典的维吉尼亚方表（部分）
每一行记录着一张不同的换字表，一共 26 行

	A	B	C	D	E	F	G	H	I	J	K	L	M	N	O	P	Q	R	S	T	U	V	W	X	Y	Z
A	A	B	C	D	E	F	G	H	I	J	K	L	M	N	O	P	Q	R	S	T	U	V	W	X	Y	Z
B	B	C	D	E	F	G	H	I	J	K	L	M	N	O	P	Q	R	S	T	U	V	W	X	Y	Z	A
C	C	D	E	F	G	H	I	J	K	L	M	N	O	P	Q	R	S	T	U	V	W	X	Y	Z	A	B
D	D	E	F	G	H	I	J	K	L	M	N	O	P	Q	R	S	T	U	V	W	X	Y	Z	A	B	C
E	E	F	G	H	I	J	K	L	M	N	O	P	Q	R	S	T	U	V	W	X	Y	Z	A	B	C	D
F	F	G	H	I	J	K	L	M	N	O	P	Q	R	S	T	U	V	W	X	Y	Z	A	B	C	D	E
G	G	H	I	J	K	L	M	N	O	P	Q	R	S	T	U	V	W	X	Y	Z	A	B	C	D	E	F
H	H	I	J	K	L	M	N	O	P	Q	R	S	T	U	V	W	X	Y	Z	A	B	C	D	E	F	G
I	I	J	K	L	M	N	O	P	Q	R	S	T	U	V	W	X	Y	Z	A	B	C	D	E	F	G	H
J	J	K	L	M	N	O	P	Q	R	S	T	U	V	W	X	Y	Z	A	B	C	D	E	F	G	H	I
K	K	L	M	N	O	P	Q	R	S	T	U	V	W	X	Y	Z	A	B	C	D	E	F	G	H	I	J
L	L	M	N	O	P	Q	R	S	T	U	V	W	X	Y	Z	A	B	C	D	E	F	G	H	I	J	K
M	M	N	O	P	Q	R	S	T	U	V	W	X	Y	Z	A	B	C	D	E	F	G	H	I	J	K	L
N	N	O	P	Q	R	S	T	U	V	W	X	Y	Z	A	B	C	D	E	F	G	H	I	J	K	L	M

该加密法的来历一直失传，直到 19 世纪后期才被重新发现。由于某些原因，那时的密码学家将其中功能较弱的版本冠以维吉尼亚之名。这样的后果是，这种较低级的加密法，由于来历不明，即使是在其基本弱点被暴露后的很长时间内也未能被破解。然而，作为恺撒密码的升级版本，维吉尼亚密码成了历史上最著名的古典加密法之一，今天仍旧把它作为多码加密法的一个基本范例。

小虹，你发现什么了？

这种密码体制克服了恺撒密码体制的缺点，明文中前两个字母 t 被加密成不同的字母 G 和 Z，而密文中前两个 G 也来自明文中不同的字母 b 和 t，所以加密性能比恺撒密码体制要好。收到密文后，逐位减去密钥序列，加密和解密均容易实现，利用这种体制还可制作机械式的加密机呢！

小明，下面就看我的吧

解密过程：

第一步，因为解密密钥 $D(y)$ 与加密密钥 $E(x)$ 互为逆运算，而加密密钥的序列为 $(5,8,13,6,4,17)$，故解密密钥的序列为：

$$(-5, -8, -13, -6, -4, -17) \equiv (21,18,13,20,22,9)(\bmod 26)$$

第二步，按照相同的步骤，运用解密密钥，进行解密运算。

表 3-4　解密运算

密 文	G	I	G	Z	P	V	T	V	G	A	I	J	I	I	L
y	6	8	6	25	15	21	19	21	6	0	8	9	8	8	11
解密密钥	21	18	13	20	22	9	21	18	13	20	22	9	21	18	13
$x = D(y)$	1	0	19	19	11	4	14	13	19	20	4	18	3	0	24
明 文	*b*	*a*	*t*	*t*	*l*	*e*	*o*	*n*	*T*	*u*	*e*	*s*	*d*	*a*	*y*

　　采用维吉尼亚密码体制用 *SUPER* 作密钥词对明文 *mathematics* 进行加密和解密运算。

谜底

加密运算

明 文	*m*	*a*	*t*	*h*	*e*	*m*	*a*	*t*	*i*	*c*	*s*
加密	12	0	19	7	4	12	0	19	8	2	18
加密密钥	*S*	*U*	*P*	*E*	*R*	*S*	*U*	*P*	*E*	*R*	*S*
密码	18	20	15	4	17	18	20	15	4	17	18
对应	4	20	8	11	21	4	20	8	12	19	10
密 文	*E*	*U*	*I*	*L*	*V*	*E*	*U*	*I*	*M*	*T*	*K*

解密运算

密 文	*E*	*U*	*I*	*L*	*V*	*E*	*U*	*I*	*M*	*T*	*K*
解密	4	20	8	11	21	4	20	8	12	19	10
解密密钥	-18	-20	-15	-4	-17	-18	-20	-15	-4	-17	-18
	8	6	11	22	9	8	6	11	22	9	8
对应	12	0	19	7	4	12	0	19	8	2	18
明 文	*m*	*a*	*t*	*h*	*e*	*m*	*a*	*t*	*i*	*c*	*s*

西方有这些著名的密码,那咱们国家在古代也有密码吗?

当然也有了!
下面告诉大家一些有趣的东方密码。

046

拓展阅读

诗情画意的东方密码

早在一千多年前,中国就有了密码的使用记录。据陈寿《三国志》记载,蜀国举行选拔官吏的考试,有的主考官心术不正,事先编制了一套作弊的符号,以便向行贿的考生通风报信。这种符号实际上就是密码的雏形。不过,"密码"一词正式见诸文章,则是明朝蒋一葵的《尧山堂外记》。

中国古代早有藏头诗、藏尾诗、漏格诗以及绘画等形式,将要表达的意思和"密语"隐藏在诗文或画卷中的特定位置。一般人只注意诗或画的表面意境,而不会去注意或破解隐藏其中的密语。

一个例子是庐剧《无双缘》中"早迎无双"的故事。写的是合肥知县刘震有一女名叫无双,自小与表兄王仙客青梅竹马、两小无猜,两人长大后,刘震为他们订下了婚约。一年,王仙客赴京赶考,科场得意,万岁钦点头名状元,封授翰林学士,并赐宫花金印回庐州完婚。不料途中被绿林好汉夺去行囊,变成一名乞丐来到刘家。刘震即刻变脸,把女儿无双另许豪门公

子曹进。无双知道爹爹势利无赖,非常气愤,但苦于见不到王仙客,只得写诗一首,速派丫环把诗送给王仙客:

> 早妆未罢暗凝眉,
>
> 迎户愁看紫燕飞。
>
> 无力回天春已老,
>
> 双栖画栋不如归。

诗中每句的首字即组成"早迎无双",表达了她此时的心情。

我国古代还有一种很有趣的信息隐藏方法,即消息的发送者和接收者各有一张完全相同的带有许多小孔的纸张,而这些小孔的位置是随机选择并被戳穿的。发送者在纸张的小孔位置写上秘密消息,然后在剩下的位置补上一段掩饰性的文字。接收者只要将纸覆盖在其上就可立即读出秘密的消息来。直到 16 世纪,意大利的数学家卡尔丹又发展了这种方法,现在被称为卡尔丹网格式密码。

此外,我国封建统治阶层也多把密码使用在政治、战争方面。在《旧唐书》和《新唐书》里均有女皇武则天破解密码诛杀裴炎的内容。

裴炎是武则天的一个大臣,他不满于女主当政的局面,暗中勾结徐敬业、骆宾王等人召集兵马,裴炎在京城内做内应。造反之事败露后,裴炎被捕入狱,但朝廷没有抓到他谋反的直接证据,只截获了裴炎和徐敬业等人来往的书信。

由于信中所写均是很普通的事情,只字未提有关造反事宜,而且裴炎死不招供,审理此案的官员无计可施,只好禀报武则天并呈上裴炎与徐敬业等人来往的书信。武则天看到书信后,略加思索,指着信中"青鵝"(繁体字)二字,便说到:"这有何难,'青'字拆开是十二月,'鵝'字拆开,就是我自与。裴炎叫他们 12 月打过来,他在内部接应。这不是真凭实据是什么!"武则天当即下令诛杀裴炎,平息了这次叛乱。

在公元 11 世纪的北宋时代,我国出现了第一本真正的军用通信密码

书。它保存在曾公亮编纂的一部军事百科书籍《武经总要》中。当时宋朝国势衰微,外族侵扰,契丹、西夏对中原大地虎视眈眈,战事频频。宋朝军队疲于应付,败多胜少,士气低落。如何扭转局势呢?曾公亮指出了以往常规军事通信的严重缺点,创造性地提出了一套新的方案。

曾公亮

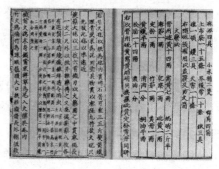

《武经总要》

曾公亮收集和编制了在军事中常见的40个短语:

1. 请弓	2. 请箭	3. 请刀	4. 请甲	5. 请枪旗
6. 请锅幕	7. 请马	8. 请衣赐	9. 请粮料	10. 请草料
11. 请牛车	12. 请船	13. 请攻城守具	14. 请添兵	15. 请移营
16. 请进军	17. 请退军	18. 请固守	19. 未见军	20. 见贼讫
21. 贼多	22. 贼少	23. 贼相敌	24. 贼添兵	25. 贼移营
26. 贼进军	27. 贼退军	28. 贼固守	29. 围得贼城	30. 解围城
31. 被贼围	32. 贼围解	33. 战不胜	34. 战大胜	35. 战大捷
36. 将士投降	37. 将士叛	38. 士卒病	39. 都将病	40. 战小胜

将领带兵出征时,枢密院约定用一首诗作为解密的钥匙,并发给一本有40个编号顺序的密码本。这首诗可以是任意一首五言律诗(40个字),如唐朝诗人杜甫的诗:

好雨知时节,当春乃发生。随风潜入夜,润物细无声。
野径云俱黑,江船火独明。晓看红湿处,花重锦官城。

如果军队遇敌兵进犯，自身兵力不足需固守营地，暂不迎战，将领就从密码本中查出"请固守"的编码"18"，找出诗中第 18 个字"细"，写一封含有"细"字的普通信件，并在"细"字上加盖印章后送出。公文到达后，枢密院根据事先约定的编号顺序，马上就破译出统兵将领来函的意图：请固守。如果他同意下属的请示，就重新写下这个字，把它夹杂在文章中，加盖印章发回；如不同意，就什么也不写，只盖一个空印。

　　曾公亮的这种通信保密方式，不仅敌人看不懂，就连送信人也不知道。即使知道也没用，因为五言律诗多得不计其数，就算信件落入敌手，他们也不知道是那首诗，也就只能望"字"兴叹了。

　　（拓展阅读内容部分引用自杨澜《密码——智慧竞技》，在此致以感谢）

情报保护神——密码

第四章

还可以更好吗——
Hill 密码

为了更好地进行本章的阅读，我们需要首先回忆一下之前的内容。

以恺撒密码为代表的单码加密法中，每个字符都由另一个字母所替代；而在以维吉尼亚密码为代表的多码加密法中，每个明文字符可以用多个密文字符来替代。但是，单码和多码加密都是作用于单个字符。凡是一次加密一个字母的加密法都称为单图加密法(*monographic cipher*)。

多图加密法(*polygraphic cipher*)则是作用于字符组。明文的 n 个字符组合被密文的 n 个字符组替代。最简单的例子是双图替换加密法，该加密法一次加密两个字符。例如，字符对"*at*"在密文中可能被"*UI*"替换，而字符对"*an*"则可能被"*WQ*"替代，等等。双图加密法比单图加密法更安全，因为双图的组合比单个字母要多。标准英语字母表只有 26 个字母，但有 676（26×26）种双图。因此，通过其特征来确定明文双图更困难。这几乎可以使简单频率分析法失效。如果一次加密三个字母，那么该加密法的破译难度就更大了，因为在英语中有 17576（26×26×26）种三图。

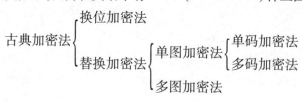

对于双图加密法,可以创建一个表格,列举出 676 种明文对及其相应的密文对。事实上,的确有用这种方法构建的加密法,但管理起来困难。而要为三图加密法构建这种表就太令人望而却步了。我们需要的是使用某种算法,它基于密钥来生成多图对替换,就像前面所介绍的加密法一样。密码学家们已经开发出了这样一些加密法,如 *Hill* 加密法、*Playfair* 加密法、*Beale* 加密法等等。

下面我们以颇具代表性的 *Hill* 加密法为例,向大家介绍多图加密法:

Hill 密码是由莱斯特·希尔于 1929 年发明的一种分组密码,它的价值在于第一次在密码学中使用了代数的方法。

我要将信息 "*help*" (明文)运用 *Hill* 密码发送给小虹,要怎么做?

按 *Hill* 密码通信方法,我需要事先与小虹约定某个二维函数,假如设

$$\begin{cases} y_1 = 3x_1 + 3x_2 \\ y_2 = 2x_1 + 5x_2 \end{cases} \quad (※)$$

加密过程

①将 *help* 分为两组 (H,E) 和 (L,P),按上面的编码方法得:

$$\begin{cases} H \cdots 7 \cdots x_1 \\ E \cdots 4 \cdots x_2 \end{cases} \quad 和 \quad \begin{cases} L \cdots 11 \cdots x_1 \\ P \cdots 15 \cdots x_2 \end{cases}$$

注:如果明文字母个数不是偶数,那么不妨在明文最后增加一个无意

义的字母,凑成整数对,如 *hello*,就可以在明文后增加一个字母"*o*",这个字母我们通常叫做"哑字母"。

②用前面的函数(※)作用后,得

$$\begin{cases} y_1 = 33 \equiv 7 \pmod{26} \cdots 7 \cdots H \\ y_2 = 34 \equiv 8 \pmod{26} \cdots 8 \cdots I \end{cases} \text{和} \begin{cases} y_1 = 78 \equiv 0 \pmod{26} \cdots 0 \cdots A \\ y_2 = 97 \equiv 19 \pmod{26} \cdots 19 \cdots T \end{cases}$$

③从而将明文转化成密文"*HIAT*"。

> 解密过程的关键在于……

解密过程的关键在于已知二维加密密钥的前提下,求出其对应的二维解密密钥。加密密钥是 $\begin{cases} y_1 = 3x_1 + 3x_2 \\ y_2 = 2x_1 + 5x_2 \end{cases}$,那么解密密钥是

$$\begin{cases} x_1 = \dfrac{5}{9}y_1 - \dfrac{1}{3}y_2 \\ x_2 = -\dfrac{2}{9}y_1 + \dfrac{1}{3}y_2 \end{cases} \text{吗?}$$

因为在字母 – 数字对应表中,每一个字母对应的皆是 0 ~ 25 之间的整数,而上式中的解密密钥计算出来的结果可能是分数,找不到对应的明文字母!我们需要调整解决思路,考虑在模 26 意义下的解密密钥!下面向大家介绍两种常用的求解密密钥的方法,看看你喜欢哪一种?

解密密钥的初等解法

在上例中,加密的二维函数为 $\begin{cases} y_1 = 3x_1 + 3x_2 \text{①} \\ y_2 = 2x_1 + 5x_2 \text{②} \end{cases}$,可反求出 x_1, x_2,即利用初等数论中解模 26 的同余方程求出 x_1, x_2,具体步骤如下:

将①×5、②×3,得 $\begin{cases} 5y_1 = 15x_1 + 15x_2 \text{③} \\ 3y_2 = 6x_1 + 15x_2 \text{④} \end{cases}$;

将③－④，得到 $9x_1 = 5y_1 - 3y_2$⑤，

将⑤×3，得 $27x_1 = 15y_1 - 9y_2$；

因为 $27 \equiv 1 \pmod{26}$，$15 \equiv 15 \pmod{26}$，$-9 \equiv 17 \pmod{26}$；

所以原二维函数在模 26 意义下，有 $x_1 = 15y_1 + 17y_2$；同理，

$x_2 = 20y_1 + 9y_2$。

从而，其解密密钥为：$\begin{cases} x_1 = 15y_1 + 17y_2 \\ x_2 = 20y_1 + 9y_2 \end{cases}$。

解密密钥的高等代数解法

如果你学过高等数学，还可以用矩阵的方法求解方程，得到解密密钥！

为此，我们先学习几个定义：

定义 1 对于一个元素属于集合 Z_m 的 n 阶方阵 A，若存在一个元素属于集合 Z_m 的方阵 B，使得 $AB = BA = E \pmod{m}$，称 A 为模 m **可逆**，记为 $B = A^{-1} \pmod{m}$。

定义 2 对 Z_m 的一个整数 a，若存在 Z_m 的一个整数 b，使得 $ab = 1 \pmod{m}$，称 b 为 a 的模 m **倒数或乘法逆**，记为 $b = a^{-1} \pmod{m}$。

模 26 的倒数表

a	1	3	5	7	9	11	15	17	19	21	23	25
a^{-1}	1	9	21	15	3	19	7	23	11	5	17	25

设 $A = \begin{pmatrix} a & b \\ c & d \end{pmatrix}$，可以得到（感兴趣的话，你可以试着验证一下）：

$$A^{-1} = (ad - bc)^{-1} \begin{pmatrix} d & -b \\ -c & a \end{pmatrix} \pmod{26}$$

因此，上述例子也可用矩阵运算表示如下：$Ex = \begin{bmatrix} 3 & 3 \\ 2 & 5 \end{bmatrix}$，则 Ex 的模 26 逆矩阵为

$$Ex^{-1} = (3 \times 5 - 3 \times 2)^{-1} \begin{pmatrix} 5 & -3 \\ -2 & 3 \end{pmatrix} \pmod{26} = 9^{-1} \begin{bmatrix} 5 & -3 \\ -2 & 3 \end{bmatrix} \pmod{26}$$

情报保护神——密码

$$= 3\begin{bmatrix} 5 & -3 \\ -2 & 3 \end{bmatrix}(\bmod\ 26) = \begin{bmatrix} 15 & -9 \\ -6 & 9 \end{bmatrix}(\bmod\ 26) = \begin{bmatrix} 15 & 17 \\ 20 & 9 \end{bmatrix}(\bmod\ 26)$$

所以, $Dy = \begin{bmatrix} 15 & 17 \\ 20 & 9 \end{bmatrix}$。

从而,明文 *help* 的加密过程也可以用矩阵表示为

$$\begin{bmatrix} H & L \\ E & P \end{bmatrix} \Rightarrow Ex\begin{bmatrix} 7 & 11 \\ 4 & 15 \end{bmatrix} = \begin{bmatrix} 3 & 3 \\ 2 & 5 \end{bmatrix}\begin{bmatrix} 7 & 11 \\ 4 & 15 \end{bmatrix} = \begin{bmatrix} 7 & 0 \\ 8 & 19 \end{bmatrix} \Rightarrow \begin{bmatrix} H & A \\ I & T \end{bmatrix} \Rightarrow HIAT$$

(密文)

反过来,解密过程可表示为

$$\begin{bmatrix} H & A \\ I & T \end{bmatrix} \Rightarrow Dy\begin{bmatrix} 7 & 0 \\ 8 & 19 \end{bmatrix} = \begin{bmatrix} 15 & 17 \\ 20 & 9 \end{bmatrix}\begin{bmatrix} 7 & 0 \\ 8 & 19 \end{bmatrix} = \begin{bmatrix} 7 & 11 \\ 4 & 15 \end{bmatrix} \Rightarrow \begin{bmatrix} H & L \\ E & P \end{bmatrix} \Rightarrow HELP$$

(明文)

从上面的例子中可以体验到矩阵表示更加简捷明了,通过矩阵运算实现加密和解密的过程更快捷。

现在,可以顺利地进行解密运算啦!

解密过程

①甲方将"*HIAT*"发送给乙方,乙方得到密文"*HIAT*"之后,仍将密文分两组

$$\begin{cases} H\cdots 7\cdots y_1 \\ I\cdots 8\cdots y_2 \end{cases} 和 \begin{cases} A\cdots 0\cdots y_1 \\ T\cdots 19\cdots y_2 \end{cases}$$

②在模 26 的意义下由(※)解出 $\begin{cases} x_1 = 15y_1 + 17y_2 \\ x_2 = 20y_1 + 9y_2 \end{cases}$,再将 y_1、y_2 代入

得到

$$\begin{cases} x_1 = 241 \equiv 7 \,(\mathrm{mod}\,26)\cdots H \\ x_2 = 212 \equiv 4 \,(\mathrm{mod}\,26)\cdots E \end{cases} \text{和} \begin{cases} x_1 = 323 \equiv 11 \,(\mathrm{mod}\,26)\cdots L \\ x_2 = 171 \equiv 15 \,(\mathrm{mod}\,26)\cdots P \end{cases}$$

③从而得到明文"*help*"。

实际上，*Hill* 密码体制是一个较好的密码体制，即使小明发给小虹的部分信息被小强截获，小强也极难破译密钥 $\{E_x \setminus D_y\}$，从而很难再破译其他密文，进一步获取机密。例如小强已经破译了明文"*sahara*"所对应密文为"*CKVOZI*"（假设小强已知加密密钥为二维函数），若他想得到 E_x 的相应系数，可设 $\begin{cases} y_1 = ax_1 + bx_2 \\ y_2 = cx_1 + dx_2 \end{cases}$，将上述字母对应号码代入，可以得到方程组：

$$\begin{cases} 2 \equiv 18a + 0b \\ 10 \equiv 18c + 0d \end{cases} (\mathrm{mod}\,26) \text{、}$$

$$\begin{cases} 21 \equiv 7a + 0b \\ 14 \equiv 7c + 0d \end{cases} (\mathrm{mod}\,26) \quad \text{和} \quad \begin{cases} 25 \equiv 17a + 0b \\ 8 \equiv 17c + 0d \end{cases} (\mathrm{mod}\,26)$$

但上述方程均为不定方程，很难得到准确的解。即或小强找出一组特解，比如 $a=3, b=1, c=2, d=1$（你不妨验证一下），从而得到加密密钥 E_x 为：$\begin{cases} y_1 = 3x_1 + x_2 \\ y_2 = 2x_1 + x_2 \end{cases}$，由此得到解密密钥 D_y 为：$\begin{cases} x_1 = y_1 + 25y_2 \\ x_2 = 24y_1 + 3y_2 \end{cases}$，利用这一密钥则会将发给乙方的密文"*HIAT*"误译为"*zkhf*"，这与原来的明文"*help*"实在相去甚远！

小虹，你想过下面这个问题吗？

通过之前的内容，我们知道，当用"×"改造恺撒密码时，密钥不能取偶数，否则将不能进行逆运算，即解密运算！因此，在 *Hill* 密码中，不是任意

的二维函数都有逆函数。需要限制什么条件呢?

设三维函数 $\begin{cases} y_1 = 17x_1 + 17x_2 + 5x_3 \\ y_2 = 21x_1 + 18x_2 + 21x_3 \\ y_3 = 20x_1 + 7x_2 + x_3 \end{cases}$,用 *Hill* 密码体制对明文 *information* 加密。

谜底

历史回顾

古典密码术时期

密码学的发展大致可分为 4 个阶段：

密码学 {
　古典密码术(手工操作密码)　第二次世界大战之前
　机器密码时代　第一次世界大战爆发至第二次世界大战结束
　传统密码学　以申农在 1949 年发表的论文为起点
　现代公钥密码学　以狄菲和海尔曼在 1976 年发表的论文为起点
}

古典密码的特征主要是以纸和笔进行加密和解密操作的密码术时代，这时密码还远没有成为一门科学，仅仅是一门技艺或技术。古典密码的基本技巧都是较为简单的代替、置换，或二者混合使用。

古典密码的历史最早可追溯到四千多年前雕刻在古埃及法老纪念碑上的奇特的象形文字。不过这些奇特的象形文字记录不可能是用于严格意义上保护密码信息的，而更可能仅是为了神秘、娱乐等目的。之前介绍的几种密码，可以分为代换密码、置换密码两大类：

置换密码——保持明文中所有原有字母，只是它们在明文中的位置发生变化，这样产生密文的密码术称为置换密码。置换密码又称为换位密码。

代换密码——明文字母被不同的字母代替后变成密文。代替明文的字母不一定是明文中出现的字母。

古典密码术 {
　置换密码　如 *skytale* 加密法
　代换密码 {
　　单图加密法 {
　　　单码加密法　如恺撒加密法
　　　多码加密法　如维吉尼亚加密法
　　}
　　多图加密法　如希尔加密法
　}
}

阿拉伯人是第一个清晰地理解密码学原理的人，他们设计并且使用代替和换位加密，并且发现了密码分析中的字母频率分布关系。大约在 1412 年，珊迪(*al-Kalka-shandi*)在他的大百科全书中论述了一个著名的基本处理办法，这个方法后来广泛应用于多个密码系统中。他清楚地给出了一个

如何应用字母频率分析密文的操作方法及相应的实例。

欧洲的密码学起源于中世纪的罗马和意大利。大约在1379年,欧洲第一本关于密码学的手册由几个加密算法组成,并且为罗马教皇服务。这个手册包括一套用于通信的密钥,并且用符号取代字母和空格,形成了第一个简要的编码字符表。该编码字符表后来被逐渐扩展,并且流行了几个世纪,成为当时欧洲政府外交通信的主流方法。到了1860年,密码系统在外交通信中已得到普遍使用,并且已成为类似应用中的宠儿。当时,密码系统主要用于军事通信,如在美国国内战争期间,联邦军广泛地使用了换位加密,主要使用的是维吉尼亚密码,并且偶尔使用单字母代替。然而联合军密码分析人员破译了截获的大部分联邦军密码。

在第一次世界大战中,敌对双方都使用加密系统,主要用于战术通信,一些复杂的加密系统被用于高级通信中,直到战争结束。

拓展阅读

Playfair 加密法

在密文中不同的符号(字母或数字)可以表示相同的字母,而相同的符号又可以表示不同的字母。多表加密可以做得非常复杂极难破解。但在另一方面,它们也不能做得太复杂,因为这样将需要花费太多的时间来准确地加密和解密。以下介绍的普莱菲尔(*Playfair*)加密法是属于最简单和最好使的。

该方法以19世纪英国作家拜伦·莱昂·普莱菲尔的姓命名,但实际上是拜伦的好朋友查尔斯·惠斯通发明的。惠斯通是一位科学家,他的出名是因为制作乐器,以及比独立发明电报的美国人萨缪尔·莫尔斯更早发明了电报系统。电报码,如已熟知的莫尔斯码,可看作是一种公开编码,其中用点和划的组合来表示字母。惠斯通所设计的这个著名加密方法,是要利用标准的电报码发送加密信息。

普莱菲尔加密法已在英国军队中使用了多年,特别是在布尔战争期间。澳大利亚人在第二次世界大战期间也使用它。多萝西·塞耶斯在其神秘小说《寻尸》中,叙述了侦探彼得如何漂亮地破解了一种普莱菲尔密码。

普莱菲尔加密法所使用的矩阵可以是方形也可以是长方形的。现在使用一个 4×8 的矩阵,其中 32 个格子上填满 26 个字母和数字 2 到 7(不使用数字 1 是因为它容易和大写字母 I 搞混)。这些字母和数字随机地填在格子中,看上去可能是这样:

4	H	M	V	L	3	Y	D
X	K	B	5	P	Z	E	O
N	7	W	U	F	T	6	J
G	R	2	Q	C	A	I	S

原文信息按字母对来加密,有三条基本规则:

(1)如果两个字母出现在同一行中,那么就取紧靠它们右边的那两个字母。把每行的右端看作紧连着该行的左端。换句话说,一行中末端字母的"右边"字母就是该行的首字母。例如,PO 加密成 ZX。

(2)如果两个字母出现在同一列中,那就取它们正下方的那两个字母。把每列的底看作紧连着该列的顶。即底部字母的"下边"字母就是同列中的顶部字母。例如,CL 加密成 LP。

(3)如果两个字母既不在同一行也不在同一列,则每个字母用同一行中与另一字母同一列的那个字母。

例如,假设这对字母是 TH,在第三行中找到 T,在第二列中找到 H。就用 7 替换 T,因为 7 正好在第三行和第二列的交叉格子上。现在来看 H。它在第一行中,而它的同伴在第六列中。在第一行与第六列的交叉格子上

是数字 3，它因此就成了替换 H 的那个符号。于是，TH 的密文就是 73。

我们来试一下加密以下的句子：

I am a student.（我是一名学生）

首先，将原文分解成字母对。如果该队的两个字母是相同的，就在它们中间加一个哑字母 X。分解后的原文看上去是这样的：

Ia   ma   st   ud   en   tx

请注意，最后只剩下字母 *t*，那就再加一个哑字母 *x* 以凑成最后一对。

运用上述的三条规则，得到了如下的由字母数字对组成的密文。它们被"两队一组"地写在一起：

SI   32   AJ   JV   X6   NZ

其解密方法同加密方法，只是当字母对的两个字母处于同一行或同一列时，要稍作修改。如果它们在同一行，就必须取紧挨着它们左边的那两个字母；如果在同一列，就必须取它们正上方的那两个字母。

第五章

你想破译密码吗

嗨！还记得我吗？我是小强，小虹的哥哥。这一章轮到我大显身手了。哈哈……

迅速破译简单的加密法是一门艺术，它需要大量的知识和经验。

还记得之前介绍的福尔摩斯成功破解人形密码的故事吗？他注意到在密文信息中最普通的人是 ，而通常 26 个英文字母中出现频率最高的字母是"E"，因此很可能是 E，从而得到了开启破译密码大门的钥匙！

首先，我们要了解一些有关英语的重要事实

(1)最常用的字母是 E，其次是 T、A、O、N。(E 在德语、法语、意大利语和西班牙语中，也是最常用的字母。但在其他许多语言中，情况并非如此。比如说在俄语中，最常用的字母是 O。)

情报保护神——密码

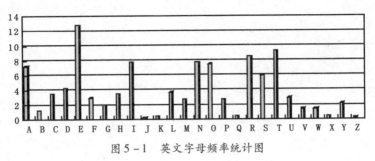

图 5-1 英文字母频率统计图

(2)词尾最常用的字母是 *E*。

(3)词头最常用的字母是 *T*。

单字母词是 *A* 或 *I*,在很少场合下用 *O*;最常用的双字母词是 *OF*,其次是 *TO* 和 *IN*;最常用的三字母词是 *THE*,其次是 *AND*;*Q* 的后面总是跟 *U*;元音字母后面跟得最多的辅音字母是 *N*;单词中最常见的双字母是(按频率顺序)*LL*,*EE*,*SS*,*OO*,*TT*,*FF*,*RR*,*NN*,*PP* 和 *CC*;最常见的四字母词是 *THAT*。

注意:*THAT* 的头尾字母是相同的。当一个或多个字母在单词中出现一次以上,这种单词叫做"模式字"。在破解密文的过程中,模式字能提供很有价值的线索。

对于业余的密码破译爱好者来说,最有用的一个工具就是一张常见模式字列表,其编排顺序要使得能迅速查找到模式字并了解到最有可能对应的单词。最完整的这样的表(包含世界上所有重要的语言),存放在政府密码分析专家所用的大型电子计算机中。1971 年,北卡罗来纳州立大学的数学教授杰克·莱文个人出版了含有 184000 个模式字的列表,覆盖范围从 2 字母单词到 9 字母单词。非模式字没有包含在内,但早在 1957 年,莱文就已经出版了《无重复字母的单词列表》。

对于密码专家来说,另外一种很有用的词汇列表是"反序词典",其中单词的拼写顺序是由后往前,再按字母表排列。比如说,你知道某个词的结尾是 *CION*,那你就要在这种词典中按 *NOIC* 的排列找到这一词。宾夕法尼亚大学的语言学教授布朗曾经主编了这样一部词典。它出版于 1963 年,有八大卷,书名为《正序和反序英语词汇列表》,其中有 35 万多个条目。

破解密码的最好方法包括对于其中一些单词尽你所能给出最好的猜测;然后用猜得的字母在密文中作替换,看看你的猜测是否合理,或者是否会导致出现一些不可能的字母组合。如果后一种情况发生了,那就说明你的猜测不正确,必须再尝试别的猜测。

　　破译密文是一项非常有趣的活动,而且你破译的密文越多,得到的乐趣就越大。美国数学家克劳德·申农创立了一个现代数学的分支,叫做"通信理论"。他曾于1949年写过一篇重要的论文"保密系统的通信理论",其中证明到:如果密文中包含了30个字母或更多,那么其破解的答案几乎是唯一的;但如果密文中只包含了20个字母或更少,那么破解的答案通常不止一个。

　　著名的德国哲学家和数学家莱布尼茨曾经指出,破译一份密文与解决一个科学问题极为相似。面对需要用理论做出解释的大自然,科学家如果只掌握两三个孤立的事实,那他通常可以创造出几十种漂亮的理论,就好像密码专家对于仅有一个简短单词的密文可以想出几十种解答一样。但是,要发明一种理论来解释成百上千个曾经是那样神秘的不同的事实,这绝非是件容易的事。一旦发现了这样的理论,它能够解释已有的全部事实,那它很可能就是正确的理论。就好像在破译长密文中寻找答案一样:如果该答案能够很好地解释其中所有的符号,那它很可能就是正确的答案。

一、恺撒密码的破译原理

我截获了一封小明给小虹的信,知道是运用恺撒密码进行加密,但不知道他们的密钥,怎么得到明文呢?

现在,让我们回到破译密码的世界中来吧。以恺撒密码为例,不管怎么替换,出现频率最高的这个字母,不会是别的,只能是 E。因此,只要你能收集到较多的密文,再找到密文中出现频率最高的字母,就可以把它还原为明文的 E。然后,在英文中出现频率第二高的字母是 T,沿着这个思路,一个个辨认并标定其他字母甚至字母组合,再做一些适当的微调和语言学上的猜测,完全可以将密文的字母全部还原为明文字母,进而彻底破译明文。恺撒密码体制在公元 9 世纪才被阿拉伯人找到破译方法,在阿拉伯科学家阿尔·金迪《关于破译加密信息》的手稿中有详细的描述。破译的方法是上面介绍的频率统计分析。当时的阿拉伯人吸收了埃及、巴比伦、印度、中国和罗马的文化科学,研究可兰经的单词、句子结构和字母频率。正是由于数学、统计学和语言学在阿拉伯高度发达,促使他们发明了统计破译术。

当然,你还可以尝试一种"笨"办法,将解密密钥 k' 从 1,2,…25 逐一试验,前提是你有足够多的时间!

中国学者也曾采用这种方法对《红楼梦》后四十回的作者进行过考证。中国古代文学巨著《红楼梦》的作者,红学界历来认为是曹雪芹作前 80 回,高鹗续作后 40 回。数学家李贤平以《红楼梦》中 47 个虚字作为识别指标,运用虚字出现频率统计方法,研究结果否认了传统的"曹作高续"之说,认为《红楼梦》写作风格各异,各部分实际上是由不同的作者在不同时期完成的。它的前 80 回是曹雪芹根据成书于 1732 年前后的《石头记》增删而成,其中插入了曹雪芹早年的小说《风月宝鉴》,并增加了许多内容。后 40 回是曹家亲友搜集整理曹雪芹原稿并加工补写而成的。当然,这只是应用某种数学方法研究得到的一种观点,是否符合历史事实,自然也应当由历史实践来检验。

二、维吉尼亚密码的破译原理

破译维吉尼亚密码的难度要比恺撒密码大，让我想想……

比起恺撒密码的单表替代，维吉尼亚密码一跃成为一时的主宰。这种密码体制克服了恺撒密码体制的缺点，前面例子中明文的前两个字母 t 被加密成不同的字母 G 和 Z，而密文中前两个字母 G 也来自明文中不同的字母 b 和 t，所以加密性能比恺撒密码体制要好。收到密文后，逐位减去密钥序列，加密和去密均容易实现，利用这种体制还可制作机械式的加密机。

但是，既然有人能发明，总有人能找到它的弱点。虽然迟到了一点（足足 269 年），这个金钟罩一般的维吉尼亚密码，乃至整个多表替代体制的命门，终于还是被人点中了！

巴贝奇(1791～1871 年)

英国传奇人物查理斯·巴贝奇在 1854 年就成功地破解了维吉尼亚密码及其变种。巴比奇多才多艺，对于各种事物都充满兴趣，但他在自传中说："我认为破译密码是最迷人的事。"由于英国情报机关的要求，巴比奇破译维吉尼亚密码一事一直到 20 世纪才公之于世。到了 20 世纪，欧洲许多

情报保护神——密码

国家(特别是第一次世界大战期间)均以政府行为组织破译工作。直到一战结束,破译在与加密的角力中占据了上风。

细说起来,这件事情的经过挺有意思。当时,有个叫斯维提斯的人,声称自己发明了一种新密码,并发表在一份杂志上。巴贝奇研究之后断定,这个"新密码"压根就不新,从原理上看,不过是维吉尼亚密码的变形而已。这个结论把斯维提斯弄得火冒三丈,于是向巴贝奇提出了挑战,看他能否破开自己的密码。起初,巴贝奇拒绝接受这种逻辑混乱兼莫名其妙的挑战,但斯维提斯执意进行挑战,最后他也只好接受了。而结果,让斯维提斯更加难堪:使用所谓"斯维提斯密码"加密的一首诗,被巴贝奇成功地破译出来,甚至连它的密钥"*Emily*",都被解出来了。顺便说一句,这个 *Emily*,正是那位诗人的妻子名字中的第一个词。实际上,斯维提斯的"新密码",也无非只是以 *E*、*M*、*I*、*L*、*Y* 这 5 个字母,轮流作为方表里每一行的行号,来挨个制定每个明文字母所需的换字表,然后再进行加密的。

之后又过了 9 年,在 1863 年,一位业余数学爱好者、时年 58 岁的普鲁士退役炮兵少校弗里德里希·卡西斯基出版了一本小册子,名字叫《密写与破译的艺术》。一般来说,无论在哪个国家,业余性质的"民间科学家"总是有相当数量的,而其中真正能对科学的发展有重大贡献的,不说凤毛麟角,恐怕也是寥若晨星——可这位卡西斯基不仅是其中一个,而且他的研究成果,甚至被密码史学家评价为"导致了密码学的革命"。

在这本只有 95 页的小册子里,有大概 $\frac{2}{3}$ 的篇幅都是在讲多表替代的,其中就有关于如何拆解它的详细介绍。由此,该书也成为了人类历史上第一本讲述如何破解多表替代的著作。也正因此,比起巴贝奇来,卡西斯基的贡献更加得到世人的公认:虽然是巴贝奇首先破译了具体密文,但卡西斯基则明确提出了破译的理论和操作手法,明显更高一筹。毕竟,不是每种密码体系都有机会傲世数百年而不倒,更不是每个破译人员都能有机会尝试并成功地摧毁它。

说道卡西斯基的破译方法,的确就是个纯粹的数学问题了。不过,这里可以简单描述一下它的原理,那就是:被加密方指定的这个数列,也就是密钥,在实践中不可能是无限长的;在通常情况下,它的长度不仅不会超过明文长度,甚至往往还相当短(在斯维提斯的例子中,密钥"*Emily*"的长度就是 5 位,也就是说,每加密 5 个明文字母,就要循环使用"*Emily*"对后面的明文字母继续加密)。

"循环使用密钥进行加密"是整个多表替代的破绽和死穴!

实际上,除非你用的多表替代的密钥既无规律又无限长,这个破绽和死穴当然也就消失了,但稍微想想我们就知道,实现这个目标的难度实在太大了。不说别的,仅仅是记录所有这些无穷无尽的密钥的密码本,就应该是无限厚的。在密码通信实践中,密钥不仅不可能无限长,实际上也不可能"太长"——它的每一位都对应着一张换字表,如果太长了,所对应的换字表太多,在操作者一个一个字母地对照、换表、对照、换表……时,不说麻烦,至少也很容易出错。

于是,这就涉及了"密码的代价"这么一个很有意思的问题。从理论上讲,人们尽管可以去编制无穷复杂的密码,但在实践中,受具体客观条件的影响,就必须根据使用情况做出某种妥协;换言之,就是在一定程度上牺牲密码编码的安全性,来获取整体密码操作的可行性和方便性。类似的事情,都不断地发生着,或许,我们也可以把它理解成一种"理想与现实"之间的无奈的差距!

回到密钥的问题。当时在实际应用中,密钥的长度普遍是 20 位左右,这样,就取得了一个方便性和安全性的平衡。但是严格来说,选择 20 位的密钥,还是太短了——在数学家眼里,这基本相当于彩票管理机构大放水,36 选 7 的体彩改 7 选 3 的了。理所当然的,那破译方"中奖"的概率,也就大大增加了。既然如

此,他们的眼光也就很自然地盯死了这个密钥长度,并开始大做文章。仔细观察足够多的密文,有时候他们会发现间隔多少位,会有规律地出现特定的字母组:比如说:第 23 位起依次出现了字母组 *UL*,第 63 位起又依次出现 *UL*,第 103 位时又出现了 *UL*。

　　根据卡西斯基的证明,重复出现 UL 的间距,在本例中即 $63-23=40$,或者 $103-63=40$,就是可能密钥长度的整数倍。换言之,密钥长度很可能就是 40 的因子之一,即 1、2、4、5、8、10、20、40。这 8 种长度究竟哪个正确,还需要后面的分析。一般而言,没人会用太简单的密钥,因此,1 和 2 这样的数字一般就不用考虑了。

　　尔后,在大致估计出密钥长度的范围以后,就可以通过计算密文重合指数的办法,以排除法来确定它到底是多长。对寻常的英语文本来说,数学家们发现了如下的普遍规律:

　　(1)如果明文是近似随机的任意字母排列,那么密文中随机两个字母的重合指数约为 0.069(随机挑选两个密文字母,比方说第 18 个和第 29 个,它们恰好都是 R——出现这种"重合"情况的概率是 0.069,我们就可以说,重合指数是 0.069)。

　　(2)如果明文是正常的有意义文本,那么随机两个密文字母的重合指数约为 0.038。

　　这就是说,通过分析重合指数究竟是更接近 0.069 还是 0.038,就可以分析出该密文到底是不是经过"单表替换"加密而成的——"单表替换"是不影响字母分布频率的。

　　在初步剔除掉单表替换加密的可能后,再利用我们估计的密钥长度,对整个密文进行分段。比如我们估计密钥长度是 40,那么就列一张大表,宽 40 格,高若干格,然后把密文字母从左到右挨个顺序填进空格,到了尽头就换行,如此将全部密文填好。这样一来,我们就有了一张共有若干行、每行 40 个字母(最后一行可能会填不满)的表。现在,我们把每一行的同位置字母挑出来。比如,第 1、2、3、4、5、6、7、8 行里的第 7 个字母。这些被挑出来的字母"位置相同"的真正含义是,如果对密钥的长度的估计是正确的,也即没有分错段,那么它们就一定都是被密钥中的同一位数字所加密的。回忆维吉尼亚密码为代表的多表替代的加密法则我们不难判断出,如果真是这样的话,那么这些字母在加密时所产生的"位移量"一定是相同的;由此,对这些位置的明文字母所进行的加密操作,一定是典型的单表替代加密。如前所述,单表替代的操作是不影响字母分布频率的,所以,只要对这些被挑出来的密文字母再次进行重合指数计算,就可以判断出它们是否真的被单表替代所加密过。而计算的结果,也会只有两种:接近 0.069;或者,接近 0.038.

接下来的思考,也就更加精彩了。

(1)接近于 0.069:依据重合指数的计算规则,我们认为被挑选出来的字母近似于随机分布。而真正的有意义的文本无论怎样截取,都不太可能呈现出字母随机分布的现象,因此,这样的分段有问题。这就是说,我们对密钥长度的估计有误。

(2)接近于 0.038:这个结果说明,被挑选的密文字母们体现了一个正常文本应该体现出的字母分布情况。换言之,如果它们确实是被同一个数字加密的,那么现在的结果说明,我们对密钥长度的估计是正确的。

显然,以上的对比是比较粗略的,具体操作时,还要考虑到诸如公倍数以及分布巧合等因素所造成的干扰。最终,在所有可以通过以上测试的密钥长度中,其数值最小的那个,就是正确的密钥长度。总之,经过两步主要的重合指数计算(第一步用来确定是否多表替代加密,第二步用来计算多表替代的密钥长度,可能细分成多次计算),密文的密钥长度是可以被攻破的。

在密码学中,这种专门用来破解多表替代的方法被称作“卡西斯基试验”,记载在几乎所有涉及多表替代密码破译的文献中。

在确认了正确的密钥长度并进行正确的分段后,每一行的密文字母也就重新恢复了单表替代的本来面目,又可以使用单表替代的频率分析法来进行破解了。这时候只要结合语言学的特点,比如常出现的“*the*”、“*of*”、“*we*”等固定组合,再付出一些耐心,逐个逐片地恢复明文字母,密文最终是

情报保护神——密码

可以被攻破的!

三、希尔密码的破译原理

希尔密码要比之前的密码安全性都高,不过只要它有缺陷,我就能想办法攻克! 它的不足是……

相对于恺撒密码与维吉尼亚密码,*Hill* 加密法可以很好地防止密文攻击。事实上,其加密密钥维数越高,该加密法抗攻击能力就越强。但是,使用已知明文攻击法可以很容易地破解该加密法,即用已知明文 – 密文组建立方程组,求解该方程组后,就可找出密钥。

例如,假设甲方和乙方使用的是密钥矩阵大小为 4 的 *Hill* 加密法,加密了一些明文。敌方截获了以下一些密文(只是一个数字流),并怀疑是经过 *Hill* 加密法加密的:

209	37	59	255	110	196	247	90	52	34	1	68	11	130	43
23	20	26	219	119	93	164	12	63	110	202	124	137	112	158
232	23	127	118	128	123	115	89	62	224	199	10	199	142	104
242	120	4	142	26	230	159	129	164	133	153	31	256	210	62

假设敌方已经知道矩阵大小范围和一些已知明文。明文含有这样一些单词"*she can not attack us*"并且矩阵应在 2 ~ 6 之间,因此可以尝试每个矩阵的大小。当尝试矩阵大小为 4 时,将这个已知明文短语转换到 4×4 的矩阵 M 中。如果该短语是用这个密钥矩阵 K 加密的,那么结果密文矩阵 C 就应是 M 和 K 的乘积。也就是

$$C = M \times K$$

因此,由于知道了 C 和 M,敌方就可以如下解出 K:

$$K = M^{-1} \times C$$

当然,敌方并不知道该短语加密成了密文的哪一段。因此,不得不为每部分密文生成一个可能的密钥,并应用于整个密文,直到发现某个密钥可以生成真正的明文。在上面的示例中,将已知明文短语写成如下的矩阵:

$$M = \begin{pmatrix} 115 & 104 & 101 & 99 \\ 97 & 110 & 110 & 111 \\ 116 & 97 & 116 & 116 \\ 97 & 99 & 107 & 117 \end{pmatrix}$$

该矩阵的逆矩阵(可以借助计算机软件 CAP[①] 计算得出)为:

$$M^{-1} = \begin{pmatrix} 254 & 104 & 110 & 99 \\ 236 & 236 & 195 & 75 \\ 224 & 10 & 109 & 18 \\ 202 & 52 & 155 & 61 \end{pmatrix}$$

接下来就是将该逆矩阵与密文矩阵相乘。每个结果都可能是密钥,可以用这些可能的密钥来解密密文。大多数时候,这些密钥是行不通的,但其中有一个是可以的。敌方经过试验后发现的可行密钥是:

$$K = \begin{pmatrix} 4 & 6 & 154 & 69 \\ 129 & 34 & 179 & 103 \\ 26 & 32 & 78 & 121 \\ 41 & 22 & 30 & 54 \end{pmatrix}$$

这个过程如果手工来完成可能会很困难,不过现在可以借助计算机相关软件来完成。

---

① CAP 软件是一个 Windows 环境下运行的程序,可以生成和破解密码,它包含了经典加密法和密码分析技术,以及一些现代的加密系统。它还有一个富有挑战性的博弈游戏,可以用来测试一下你的加密破解技术。该软件还有一个自动密码分析系统,可以一步一步地指导你如何破解一个加密法。可以从网络上下载。

第六章

世界上第一台密码机

——Enigma

当明文内容很多时，手工加密实在太麻烦啦！

这个我知道！让我告诉你早期的密码机的故事吧。

随着古典密码体制一个个被击破，也给了密码学家们一些启示：

第一，没有哪种绝对安全的密码是不会被攻破的，这只是时间问题。

第二，破译密码这件事儿，看来只要够聪明、懂数学，单枪匹马也是有可能成功的。

在古典密码时代，以上两个启示启发了很多人，以至于大家普遍认为，哪怕再聪明的人，他设计出的密码也会被另外的人攻破。只是当时的人们完全没有想到，随着密码编码手段的强力进化，破译密码的事不再是单人能完成的，有时就是倾全国之人力物力，也未必能很快奏效。他们没有想到，因为他们没见过非人工编码的加密方式，而这个"非人工"，就是机器。

在手工密码时期，人们通过纸笔对字符进行加密和解密，速度不仅慢，而且枯燥乏味、工作量繁重。因此手工密码算法的设计受到一定的限制，不能设计很复杂的密码。随着第一次世界大战的爆发，工业革命的兴起，密码术也进入了机器时代。与手工操作相比，机器密码使用了更加复杂的加密手段，同时加密解密效率也得到了很大提高。在这个时期虽然加密设备有了很大的进步，但是还没有形成密码学理论。加密的主要原理仍是代替、置换，或者二者的结合。

Enigma 的诞生

第一次世界大战的失败，使德国深刻地认识到研制出不可破译的密码的重要性，于是，德国军方在第二次世界大战中不遗余力地研制并使用 *Enigma*。虽说最后也难逃被破译的厄运，但它被公认为密码发展史上的里程碑。它作为世界上第一种实用的机械加密密码机，结束了手工编码的历史，奠定了当今计算机加密的基础。

第一次世界大战后期，解码者似乎明显比编码者更有优势，几百年来被认为坚不可破的维吉尼亚密码和它的变种均被一一破解。而无线电报的发明，使得截获密文易如反掌。所以，各国政府、军事部门极其需要一种可靠而又有效的方法来保证通信的安全。

1918 年，德国发明家亚瑟·谢尔比乌斯①和他的朋友理查德·里特创办了谢尔比乌斯和里特公司。这是一家专营把新技术转化为现实应用方面的企业，很像现在的高新技术公司，利润不小，可是风险也很大。谢尔比乌斯负责研究和开发方面，紧追当时的新潮流。他曾在汉诺威和慕尼黑研究过电气应用，他的一个想法就是要用 20 世纪的电气技术来取代过时的

---

① 谢尔比乌斯曾在慕尼黑技术学院读电力专业，并在 1904 年以一篇《关于简介水涡轮调节器构造的建议》获得了汉诺威技术学院的工程学博士学位。

铅笔加纸的加密方法。谢尔比乌斯发明的加密电子机械名叫 *Enigma*①（意为"谜"），起源于 1919 年在荷兰申请获得的一种转轮密码机的专利，它是最具代表性的一种密码机。在第二次世界大战期间这种密码机广泛使用于德国的军事、铁路以及企业的通信中，一度令德国的保密通信技术处于领先地位。

谢尔比乌斯

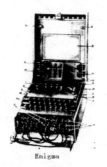

Enigma

Enigma 从外观看恰似一个装满了复杂而精致零件的盒子。打开盒子，它的内部主要是由键盘、转子和显示器组成。键盘设在机器水平面板下面，一共有 26 个键，键盘排列顺序类似于现在使用的计算机键盘。为了使消息尽量地简短，更加难以破译，操作时空格和标点符号都被省略掉。键盘上方就是显示器，它由分别代表 26 个字母的小灯组成，当键盘上的某个键被按下时，和此字母被加密后的密文相对应的小灯就在显示器上亮起来。在显示器的上方是三个转子，它们的主要部分隐藏在面板之下。

键盘、转子和显示器由电路相连，转子本身也集成了 26 条线路，键盘的信号通过转子的线路连接到相对应的不同的显示器小灯上去。如果按下 a 键，灯 B 亮，意味着 a 被加密成了 B。以此类推，加密工作就在这不经意间完成了。

这其实是最简单的加密方法之一，在历史上很早就出现过，只需采用

---

① 此后，陆续出现了 SIGABA 密码机、B－21 密码机、M－209 密码机、TYPEX 密码机、PURPLE 密码机等具有代表性的密码机器。

统计字母出现频率的方法就能破解。但谢尔比乌斯巧妙地解决了这个问题：当键盘上一个键被按下，相应的密文在显示器上显示后，转子就自动地转动一个字母的位置。这就是加密的关键：同一个字母在明文的不同位置时，可以被不同的字母替换；密文中不同位置的同一个字母，可以代表文中的不同字母。

一、Enigma 的加密原理

Enigma 的加密核心，是 3 个转轮。在每个转轮的边缘上，都标记着 26 个德文字母，借以表示转轮的 26 个位置。经过巧妙的设计，每次转轮旋转的时候，伴随着"咔嗒"的声音，转轮都会停留在这 26 个位置中的某个位置上，比如转轮停在字母"*A*"上，就说转轮的当前位置是 *A*。

现在假设从转轮的右面"输入一个字母信号"。经过转轮内部特定走向的导线连接后，由于输入－输出的位置发生了变化，输出的字母信号也就不再对应刚才输入的字母了。如图 6－1 所示，输入的字母 *K*，经过转轮内部的导线变换，最终从转轮的另一侧输出成了 *R*。

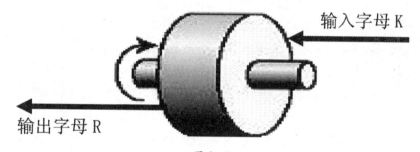

图 6－1

谢尔比乌斯认为，一个转轮太少了，起码需要 3 个组成一个转轮组。在转轮组内，转轮们互相接触的侧面之间，都有相对应的电路触点，可以保证转轮组的内部构成通路。于是，输入的字母 *K*，经过第一个转轮，变成输出字母 *R*；之后这个 *R* 进入第二个转轮，假设它又变成了 *C*；尔后，这个 *C* 再进入第三个转轮，假设又变成了 *Y*。

如此这般，初始字母 *K* 经过三次变化，最终变成了风马牛不相及的字

母 Y。

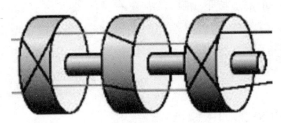

图 6-2

这 3 个转轮内部都有着复杂的连线,而具体的走线情况,又各自不同。由于 3 个轮轴内部连线不同,因此,它们合起来连续加密的总效果,就是 3 个转轮格子能力的乘积。也就是说,每个转轮都有 26 个位置,3 个转轮组合起来,就能生成 $26 \times 26 \times 26 = 17576$ 种不同的变化。

这样我们可以看出,转轮组的加密原理,正是之前提到的多码加密法。而这 26^3 种变化着的字母对应关系,实际就是对应着不同的 26^3 张换字表。维吉尼亚密码的密钥在实践中一般都比较短,即便长点儿的,一般也就 20 位。因此,密钥长度 20,也就意味着背后对应着 20 张换字表。而对于维吉尼亚密码的破译,办法之一就是通过卡西斯基试验找出它的密钥长度,超过这个长度的密文必然出现循环加密现象。因此,只要找出了正确的密钥长度,就可以利用重合指数计算来将它拆解成相对简单的单码替代,最终实现对多码替代的彻底破解!但是这样的方法,对于 Enigma 加密机来说却无计可施,因为密文字母至少要在 26^3 位以后才会出现循环!可以这样说,Enigma 的诞生,使得长久以来困扰密码界的"密钥重复加密"问题,从此彻底解决了。

这仅仅是一个开始。谢尔比乌斯认为,这 3 个内部走线方式迥然不同的转轮,它们的排列形式不应该是固定的,而应该是可以相互换位的。如果把 3 个转轮依次称为 1、2、3 号转轮,而把转轮组的转轮顺序从左到右记录的话,那么排列就不该只是 1-2-3 这么一种,而是应该有 1-2-3,1-3-2,2-1-3,2-3-1,3-1-2,3-2-1 共 6 种方式。这样一来,密钥长度再次增长为 $26^3 \times 6 = 105456$ 位,这就意味着,即使是由 10 万个字母构成的明文,使用 *Enigma* 加密时也不可能出现循环加密现象!

谢尔比乌斯认为,这样还是不够的。但是每次增加一个轮子,只能将密钥长度延伸为原来的 26 倍;而 *Enigma* 机器的体积就那么大,出于运输和使用方便的考虑,也不能向里面无限制地添加转轮。这就是说,"新增新转轮"以"延长密钥"的做法,效率其实很低。于是他暂时放下了延长密钥位数的考虑,转过头来研究如何让 *Enigma* 的使用变得更方便。

Enigma 出现的一个重要背景,就是当时的密文传送手段已经发生了质的改变。人们远距离传送密文的方式已经随着无线电报的发明而大大便捷起来,因此,应运而生的 *Enigma* 就得适应变化,它需要进行加密处理的,正是拟发出的电报明文。

之前的密码体制使得人们早已习惯加密与解密是两个分别独立的过程,因此,如果收发双方都有来回通信,则双方就都必须装备两样东西——密码编码机器以及密码解密设备。然而,在密码应用的主要场所——战场,笨重的密码机及解密设备,是不能够适应野战的需要的。同时,一个系统正常运转的概率,等于各分系统正常运转的概率之积。换言之,对于密码系统而言,里面涉及的独立分系统越多,则整个密码系统的可靠性就越低。如此一来,多了一个独立的解密分系统,不仅让接收和解密成为了两个步骤,而且实际上也增加了机器硬件成本和操作人员培训成本,而且这个举措又在一定程度降低了全系统的整体可靠性。于是,如何将 *Enigma* 与额外的解密设备合二为一,成为谢尔比乌斯下一步考虑的问题。

谢尔比乌斯在 *Enigma* 上加装了一个小部件:反射板。

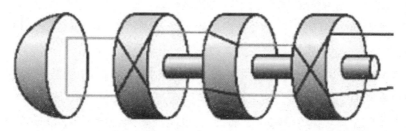

图 6-3

这个反射板,可以把它理解为一面镜子。按照设想,它被安置在转轮

组的终点——左端;这样一来,某个字母信号从转轮组的右端进入转轮组,被 3 个转轮依次加密后,就从转轮组的左端进入了反射板。进入反射板的字母信号,就被"镜面"直截了当地"反射"回去。于是,从转轮组左端进入的字母信号,现在又从转轮组的左端重新回流进了转轮组。当然,这个信号并不是沿原来的路径不走样地"反射"回去,而是换了个位置,"走了一条新路"。

由于反射板的加入,使得 *Enigma* 出现了加密、解密的操作完全相同的特征!

二、Enigma 的弱点

我相信它不是无懈可击的!一定有它的弱点。

第二次世界大战期间,3 位波兰数学家通过截获的密文以及一位间谍提供的连续 3 个月的有关密钥的信息,破译了 *Enigma* 密码。

之前英国人和法国人都以为 *Enigma* 是不可破译的,波兰人的研究成果无疑点燃了他们的信心之火。虽然德国人不断加强密码机的安全性能,但是波兰人的实践表明,*Enigma* 绝非坚不可破。波兰密码局的经验也表明,数学家在密码分析中做出了重要的贡献。

此后,英国密码局转而开始向牛津大学和剑桥大学招聘数学家和数学系学生,并成立了英国政府密码学校。

英国的密码分析人员很快掌握了波兰人破译 *Enigma* 的技巧和方法。1940 年 4 月,德国入侵丹麦和挪威,英国密码分析人员获取了一份详细的军事计划;同样,在英伦战役之初,他们也能准确预告德军轰炸的时间和地点,甚至还取得了德国空军飞机的损失情况、新飞机的补充数量和速度等情报。这些弥足珍贵的情报最后被转送到战争部、空军部和海军部,在战争中起着举足轻重的作用。

二战期间,发明了多种攻击 *Enigma* 加密机的方法和通过回转轮系统。但是,最终找到 *Enigma* 加密密钥的更容易的方法是从德国人设置密钥的过程中分析得出的。每个 *Enigma* 加密操作员从编码簿中选出一个公用的每日密钥,该编码簿含有一个月的密钥。该每日密钥组成了三个回转轮的顺序,每个回转轮的起始位置,以及线路连接板的设置。这个过程有一个严重的缺陷。这样做就意味着,在某一天,德国的军队所传送的消息,都是用同一个密钥加密的。德国担心如果盟军获得了这么多的消息,可能会发现密钥,从而可以阅读这天的所有消息。这是很现实的担心,这就是为什么即使是在具有如此功能强大的加密法的今天,密钥也要按一定的规律改变。因此,为了弥补这些缺陷,每个消息有它自己的密钥,该密钥是由操作员选择的。当然,操作员同时需要传送这个新的密钥,因为接收员只知道每天的官方密钥。这就是有关密钥管理的问题。

创建一个公共密钥并发送加密消息的步骤如下:

(1)按官方的每日密钥设置加密机;

(2)输入操作员为消息选择的密钥(三个字母);

(3)重复第(2)步,再次输入操作员所选的密钥;

(4)将轮还原到由操作员密钥确定的起始位置;

(5)发送消息。

例如,某天的官方密钥可能是一个特定的线路连接板设置,轮 2、1、3,轮的起始设置为"*XTB*"。操作员可能选择一个随机的起始设置,如"*JYQ*"。当 *Enigma* 加密机设置了每日密钥后,操作员可以输入这个随机设置两次:"*JYQJYQ*"然后,操作员将轮设置为"*JYQ*",然后传送消息。在接收端,利用官方的每日密钥,接收员会将前 6 个字母解密成"*JYQJYQ*",然后将轮的初始位置重新设置为"*JYQ*",以解密该消息的其余部分。将操作员随机选取的密钥发送两次是为了提供解密的可靠性,因此如果这三个字母不重复,接收员可能会认为出了什么错误。但是,这也为盟军提供了机会。

有时候,操作员可能会偷懒,反复使用这三个字母,或者选用的是一种

情报保护神——密码

简单的模式,例如,三个字母完全相同。使用时间久了,这两种错误都将导致加密法被破译。

但是,这种方法还有一个更重要的问题。它是使用了操作员所选取的密钥两次进行加密的,对经验丰富的加密分析员来说,密文的前6个字母就可能会暴露每日密钥的一些信息。例如,如果经 *Enigma* 加密机加密的信息的头6个字母是"*RTYUIO*",那么我们就知道,操作员的密钥的第一个字母先被每日密钥映射到"*R*",通过3个回转轮又映射到"*U*"。

小强,你能为我们举个实例吗?

没有问题,别想难住我。

假设盟军在某一天截获了一些消息。每条消息的头6个字母如下:

表6－1

RTY	*UIO*
DEF	*PCQ*
NZK	*EAE*
PTI	*SVX*
SHQ	*LKG*
LCM	*DVY*
UCM	*RVY*

在这些字母中,有几种令人感兴趣的模式。例如,在第一条和最后一

条消息中, $R \to U$ 而 $U \to R$: "*RTY UIO UCM RVY*"。这形成了一个循环,即 "*RU*"。在其他消息中, $D \to P$, $P \to S$, $S \to L$, $L \to D$。这就形成了一个 "*DPSL*" 循环。事实证明,由每日密钥产生的这种循环可以用来确定实际密钥。通过先将所有循环产生的可能密钥归类,一旦发现了某个每日密钥的循环结构,就可以从密钥归类中找到每日密钥了!

三、Enigma 的破译

既然找到了它的弱点,我相信一定可以破译它!

在这些为破译 *Enigma* 做出卓越贡献的人中,有一个人功不可没,他就是阿兰·图灵。

阿兰·图灵

图灵的重要贡献在于,他找到了一种不必利用重复密钥的破译方法。在当时,对 *Enigma* 的破译一直都采用雷杰夫斯基的方法,即利用每条密文最开始重复的密钥。但这是 *Enigma* 使用中的一个重大弱点,一旦德国人醒悟,很可能会取消这种重复,这样就会使英国密码分析专家又陷入被动局面。

图灵解决了这个担忧。在分析了大量德国电文后,发现许多电报有相当固定的格式,根据电文发出的时间、发信人、收信人这些信息可以来推断出一部分电文的内容。比方说,德国人每天的天气预报总在早上 6 点左右发出,那么稍后截获的德军电报里面八成有"Wetter"这个词,它是德文中"天气"的意思。根据在此之前了解的德国人天气预报电文的固定格式,图灵能相当准确地指出这个词具体在密文的哪个位置。这使得图灵豁然开朗,想用"候选单词"这一方法来破译 Enigma 电文。试想在一篇密文中,知道了"Wetter"这个词被加密成"WGRYAL",剩下的任务就是要找到其对应的初始设置。如果一个一个的去尝试,就要尝试 1590 亿种组合。图灵认为,只要发现某些不随连接板上连线方式变化的特性,最多尝试 1054560 次,便能找到正确的设置。

图灵设想通过候选单词、字母循环圈和用线路连接起来的多台 Enigma 构成分析密码的强大武器。他的理论研究于 1940 年初完成,由英国塔布拉丁机械厂工程师负责实际制造出这样一台机器。每台高 2 米、长 2 米、宽 1 米,里面有 12 组转子,可以提供 1.5 万亿种方法进行破译,而当时德国的 Enigma 一般最多只能提供 1720 万种组码方法。

事实证明 Enigma 的破译确实为最后的胜利起到了重要的推动作用:不列颠之战、阿拉曼之战、摧毁轴心国在地中海的补给运输、攻占西西里岛的地面战与空战、大西洋海战、诺曼底登陆战、摧毁德军在英吉利海峡附近的机场、解放法国北部的地面战、对德国的战略轰炸等。所以完全可以这样说:正如 Enigma 对于纳粹德国二战初期取得胜利起到至关重要的作用一样,破译对于盟国最终赢得二战的胜利起到了决定性的作用。

今天,计算机改变了一切。无论信息是什么形式,数量有多大,发送的距离多远,都可能被人截获。现在,加密对保护个人隐私和国家安全都是至关重要的。计算机不仅改变了信息的管理方法,也改变了隐藏信息的方法。新的加密法是基于计算机的特征而不是语言结构了。新加密法设计与使用的焦点放在二进制①而不是字母上。

Enigma都被攻克了，小明，有不能被破译的密码吗？

历史上曾经有人尝试过，让我来告诉你！

四、流密码体制

1. 二进制数和 ASC Ⅱ

数字可以转化为二进制数,标准的记数方式是基于十进制的。举个例子来说,123 意味着 $1 \times 10^2 + 2 \times 10^1 + 3$,二进制使用 2 代替 10,仅需要数字 0 和 1,如 110101 用二进制表示 $2^5 + 2^4 + 2^2 + 1$(等于十进制数 53)。

每一个 0 或 1 叫做一个比特(bit),用 8 个比特表示的数就叫做 8 比特数字,或叫一个字节(byte),最大的 8 比特数字表示 255,最大的 16 比特数字能表示 65535。

通常我们涉及到的不仅仅

---

① 二进制是计算技术中广泛采用的一种数制。二进制数据是用 0 和 1 两个数码来表示的数。它的基数为 2,进位规则是"逢二进一",借位规则是"借一当二",由 18 世纪德国数理哲学大师莱布尼兹发现。当前的计算机系统使用的基本上是二进制系统。

情报保护神——密码

是数字,在这种情况下单词、符号、字母和数字都要给出二进制表示,有很多可能的方式来完成这些转换。标准的方式之一就是 ASCⅡ,即美国信息交换标准代码,每一个字符用 7 比特来表示,它允许标识 128 种可能的字符和符号。在计算机中通常使用 8 比特分组,基于这个原因,每个字符通常用 8 比特来表示,一旦在传输中有错误产生,8 比特数字可用奇偶校验来检测,另外也可以使用扩展字符列表。

表6-2　部分符号的 ASCⅡ对应码

符号	!	"	#	$	%	&	,
十进制	33	34	35	36	37	38	39
二进制	0100001	0100010	0100011	0100100	0100101	0100110	0100111
(	)	*	+	,	−	.	/
40	41	42	43	44	45	46	47
0101000	0101001	0101010	0101011	0101100	0101101	0101110	0101111
0	1	2	3	4	5	6	7
48	49	50	51	52	53	54	55
0110000	0110001	0110010	0110011	0110100	0110101	0110110	0110111
8	9	:	;	¡	=	¿	?
56	57	58	59	60	61	62	63
0111000	0111001	0111010	0111011	0111100	0111101	0111110	0111111
@	A	B	C	D	E	F	G
64	65	66	67	68	69	70	71
1000000	1000001	1000010	1000011	1000100	1000101	1000110	1000111

　　既然古典密码体制中的任何一种都可在一定条件下被破译,那么有没有绝对安全的加密方法呢?

　　有一种理想的加密方案,叫做一次一密乱码本,1917 年发明,被认为是无条件安全的密码体制,即是一种不可攻破的密码体制。

　　一次一密乱码本,是指对明文消息逐字符加密,并且每加密一个字符时都独立随机地选取一个密钥字符。在实际使用时,通信双方事先协商一个足够长的密钥序列,要求密钥序列中的每一项都是按均匀分布随机地从一个字符表中选取的。双方各自秘密保存密钥序列。每次通信时,发送方用自己保存的密钥序列中与要发送的消息长度相同的最前面一段,按次序,用密钥序列中的一项加密消息中的一个字符。消息加密完成后,把密钥序列中刚使用过的这一段销毁。接收方每次受到密文消息后,使用自己保存的密钥序列最前面的一段(与密文消息字符数相等),每项用于解密一个密文字符。解密完成后,立即把密钥序列中刚使用过的这一段销毁。字符可以是一个英文字母或一个比特位等。通信双方保存的共享密钥序列通常称为乱码本。而一次一密是指每加密一个明文字符都独立随机地选取密钥。

一次一密最初的设计是用一系列的 0 和 1 来表示信息,这可以由二进制数字来实现。密钥是与信息同样长度的 0 和 1 组成的随机序列,一旦密钥使用过一次就丢弃它并且不再使用,加密的过程就是信息和密钥一位一位地模 2 加,换句话说,就是利用规则 $0+0=0,0+1=1,1+1=0$。例如,如果信息是 00101001,密钥是 10101100,可以得到如下密文:

表 6 - 3

明文	0010	1001
密钥	1010	1100
密文	1000	0101

因为在模 2 的运算下,$0+0=0-0,0+1=0-1,1+0=1-0,1+1=1-1$,因此,解密使用同样的密钥,只需简单地将密文与密钥相加即可:

表 6 - 4

密文	1000	0101
密钥	1010	1100
明文	0010	1001

对于明文由一系列字母组成的情况,稍微有一些变化,密钥是一串随机的移位序列,每一位都是介于 0 ~ 25 之间的数字,解密使用同样的密钥,但是要减去所加上的移位。

这种加密方法对于仅知道密文的攻击是不可破译的。如果已知一段明文,可以找到相应的一段密钥,但除此之外得不到关于密钥的任何其他信息。在绝大多数情况下,对可选择的明文或密文攻击都是不可能攻破的,但对于某些攻击可能暴露出密钥的一部分,通常这也是无济于事的,除非又重复使用了这部分密钥。

如何来实现这个体制呢?它又用在什么地方呢?密钥可以事先产生,然而,产生一个正确的随机的 0 和 1 序列也是个问题。一种方法是让一些人坐在屋子里掷硬币,但对绝大部分应用来说,这太慢了;我们也可以使用盖革计数管,在一个小的时间间隔内数一数滴答声,如果这个数是偶数就记录 0,是奇数就记录 1;还有一些其他的更快的方式,但在实践中并不太满足随机性(下面将要介绍的移位寄存器);可见快速地产生一个好的密钥是相当困难的,一旦这个密钥产生了,通过可靠的方式传递到一个容器中,当需要的时候,就可以利用它们传递消息。据说,冷战时期,为了安全起见,美国和苏联的领导人就使用了一次一密的密码体制在华盛顿特区和莫斯科之间建立了一条"热线"。

一次一密的缺点是它需要非常长的密钥,这需要花费相当大的费用去产生和传输,一旦这个密钥使用过了,如果另一条信息又重复使用它是很危险的;比如,任何关于第一条信息的知识都可能对第二条信息的破译有用。因此在大多数情况下,对于那种用很小的输入就可以产生一个相当随机的 0 和 1 序列,即称之为"近似"的一次一密。

通过送信人可靠传输的信息即密钥当然比将要传递的信息在数量上小好几个数量级。下面我们就来介绍一种密码体制——流密码。

2. 流密码体制的基本原理

小明，什么是流密码体制？

根据维吉尼亚密码体制将明文序列与某一指定的"周期数列"逐位相加的原理，加之无线电通信技术的发展，使密码体制在第一次世界大战后又有了新的突破，这种新体制被称为流密码。在技术上依托于一种新的基本元件，称为移位寄存器，它可以方便而快捷地生成周期长度很大的二元周期序列，由于它极大地增加了密钥的周期长度，而且具有某种数字平衡的特性，从而增加了破译密码的难度。

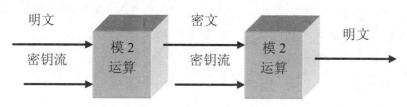

图6-4　流加密法示意图

要实现模2运算很简单，唯一的问题就是之前所说的要解决如何生成随机密钥流。如果密钥流是重复的位序列，容易被记住，但不很安全；而一个与明文一样长的随机位序列很难记住。因此，这是一个两难的处境，如何生成一个"随机"位序列作为密钥流，要求易于使用，但又不能太短以至于不安全。在这样的情况下，密钥流都是以一个关键词为开始。解决流加密法的密钥也是这样：开发一个随机位生成器，它是基于一个短的密钥来产生密钥流的。生成器用来产生密钥流，而用户只需记住如何启动生成器即可。

有两种常用的密钥流生成器：同步与自同步的。同步生成器所生成的密钥流与明文流无关。因此，如果在传输时丢失了一个密文字符，密文与密钥流将不能对齐。要正确还原明文，密钥流必须再次同步。自同步流加密法是根据前 n 个密钥字符来生成密钥流的。如果某个密文字符有错，在

n 个密文字符后,密钥流可自行同步。有多种产生同步密钥流生成器的方法。下面介绍移位寄存器产生密钥流的方法:

一个 n 级的移位寄存器由两部分组成:

(1)移位寄存部分

可存放 n 个数字 $(a_1, a_2, \cdots, a_n)$,这 n 个数字组成一个**状态**,其中每个 a_i 取值可为 0 或 1。

(2)计算反馈部分

给定一个 n 元布尔函数[①] $f(x_1, x_2, \cdots, x_n)$ 即自变量取值为 0 或 1,其函数值由状态 $(a_1, a_2, \cdots, a_n)$ 输入后,计算 $f(a_1, a_2, \cdots, a_n)$ 所得的值确定,且取值仅为 0 或 1。其中,工作开始时输入状态 $(a_1, a_2, \cdots, a_n)$,叫做**初始状态**。下一时刻状态变为 $(a_2, a_3, \cdots, a_{n+1})$,即将初始状态的每个数字向左移一位,$a_2, a_3, \cdots, a_n$ 分别移到 $a_1, a_2, \cdots, a_{n-1}$ 的位置,将 a_1 输出。同时利用布尔函数计算 $a_{n+1} = f(a_1, a_2, \cdots, a_n)$,并把 a_{n+1} 反馈到原来 a_n 向左移后空出的位置。下一时刻,输出 a_2,状态变成 $(a_3, \cdots, a_{n+1}, a_{n+2})$,其中 $a_{n+2} = f(a_2, a_3, \cdots, a_{n+1})$……一直这样做下去,则移位寄存器可连续输出 a_1, a_2, ……

小虹,我们要开始适应一下二进制数值的计算喽!

---

① 布尔函数通常是如下形式的函数 $f(x_1, x_2, \cdots, x_n)$,带有 n 个来自两元素布尔代数 $\{0,1\}$ 的布尔变量 x_i,f 的取值也在 $\{0, 1\}$ 中。

在一个 3 元移位寄存器中，取 $f(x_1, x_2, x_3) = 1 + x_1 + x_2 + x_2 x_3$，当取初始状态为 $(a_1, a_2, a_3) = (1, 1, 1)$ 时，$a_4 = f(a_1, a_2, a_3) = 1 + 1 + 1 + 1 \equiv 0$ (mod2)。注意：这里 $1 + 1 = 0$（表示模 2 的加法）。

将 $a_1 = 1$ 输出，初始状态 $(1, 1, 1)$ 变为 $(a_2, a_3, a_4) = (1, 1, 0)$。如此类推，下一个状态，$(a_3, a_4, a_5) = (1, 0, 1)$，$(a_4, a_5, a_6) = (0, 1, 0)$，……

它会产生以下 8 个连续的状态（试着验证一下）：

$(111), (110), (101), (010), (100), (000), (001), (011)$。

且继续输出的 $a_1, a_2, \cdots, a_n \cdots$ 是一个周期长度为 8 的二元序列

$$(a_1, a_2, \cdots, a_n, \cdots) = (11101000\,11101000\cdots)$$

可用序列 (11101000) 表示彼此不同，而且恰好是 8 个可能的状态。

一般地，可以证明：n 级移位寄存器产生的二元序列必定是周期序列，且这个序列的最大周期长度为 2^n。进一步还可证明：n 级移位寄存器生成的周期长度为 2^n 的二元序列 $(a_1, a_2, \cdots, a_{2^n}, \cdots)$ 表示此序列连续的 2^n 个状态：

$$(a_1, a_2, \cdots, a_n), (a_2, a_3, \cdots, a_{n+1}), \cdots, (a_{2^n}, a_{2^n+1}, \cdots, a_{2^n+n-1})$$

且连续的 2^n 个这样的状态一定对应二元序列 $(a_1, a_2, \cdots, a_{2^n})$。

$(a_1, a_2, \cdots, a_n), (a_2, a_3, \cdots, a_{n+1}), \cdots, (a_{2^n}, a_{2^n+1}, \cdots, a_{2^n+n-1})$ 彼此不同，从而是全部可能的 2^n 个状态的这种二元序列叫做 **n 级 M 序列**。例如，上例中的 (11101000) 便是一个 3 级 M 序列。

由 M 序列的上述定义还可证明：一个 n 级 M 序列 $(a_1 \cdots a_{2^n})$ 中，对于每个 $i (1 \leq i \leq n)$，序列中连续 2^n 个状态 $(a_1, a_2, \cdots, a_i), (a_2, a_3, \cdots, a_{i+1})$，……，$(a_{2^n}, a_1, \cdots, a_{n-1})$ 当中，每个 $a_1, a_2, \cdots, a_{2^n}$ 取值为 0 和 1 均各占一半，即出现 2^{n-1} 次，这表明在 M 序列中 1 和 0 的位置排列非常平衡。数学上称作是"**伪随机性**"，它很像是随机产生的序列，但实际上有内在规律，它是由给定的布尔函数 $f(x_1, \cdots, x_n)$ 及初始状态产生的，所以是"伪"随机。

原来流密码体制也不是绝对安全的呀。

如果发方用完全随机的二元序列作为密钥,收方无法重新得到此序列进行去密运算。现在 M 序列是由移位寄存器生成的,发方将明文(二元序列)加上 M 序列密钥(模 2 加法)得到密文,收方用同一个移位寄存器生成同一个 M 序列密钥再加到密文上便恢复成明文(注意:模 2 加法即是减法: $a+b=a-b$)。这种密码叫做**流密码(序列密码)体制**。

序列密码体制的模型如下图所示:

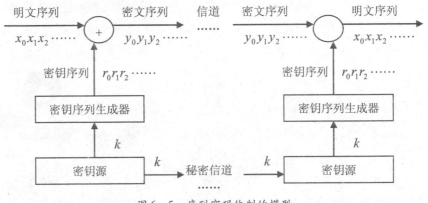

图 6 − 5　序列密码体制的模型

小明与小虹约定采用 3 级序列进行保密通信。

我要发送信息"111100000011"（二进制）给小虹。

采用上例中所得 M 序列(11101000)进行加密(这一过程只需借助上面的 3 级移位寄存器完成)。

表 6 – 5   加密运算

明文	111	100	000	011
+	111	110	101	010
密文	000	010	101	001

轮到我了

解密运算与加密运算互为逆运算，且加密密钥的 M 序列为(11101000)，故解密密钥的 M 序列也为(11101000)(模 2 加法即是减法：$a+b=a-b$)，其解密过程为

表 6 – 6   解密运算

密文	000	010	101	001
+	111	110	101	010
明文	111	100	000	011

目前使用的移位寄存器，级数 n 均在 30 以上。当 $n=30$ 时，生成的 M

情报保护神——密码

序列密钥周期长度 2^{30} 已经很大。n 元布尔函数共 2^{2^n} 个,这也是 n 级移位寄存器的数目。可以计算出:其中可生成 M 序列的有 $2^{2^{n-1}-n}$ 个,这也是 n 级 M 序列的个数。

当 $n=30$ 时,30 级的 M 序列共有 $2^{2^{29}-30}$ 个。这是一个很大的数目,用来做密钥很理想,不仅数量多,而且它们的伪随机性能不易破译。用 M 序列的流密码体制目前仍是无线电保密通信的基本手段之一。

3. 流密码体制的破译原理

现在轮到我为大家介绍一下流密码体制的破译原理

我们已经基本理解了分别以恺撒密码为代表的单码替换加密法以及以维吉尼亚密码为代表的多码替换加密法的破解原理,那么对于更加复杂的流密码体制,又应该如何破解呢? 它的破解过程显然较前两种更加复杂和精细了:

用插入攻击法破译流加密法。打个比方,假设敌方截获了从甲方发送给乙方的部分密文流 101101:

表 6 - 7

明文	0	1	1	1	0	1
密钥	1	1	0	0	0	0
密文	1	0	1	1	0	1

当然,敌方只知道密文,但这里显示了原始明文和密钥,是为了验证破译是否正确。如果敌方能将 1 插入到明文消息的第二个位置,然后让甲方重新发送该消息,那么敌方将截获到如下密文位流:

表 6 - 8

明文	0	1	1	1	1	0	1
密钥	1	1	0	0	0	0	1
密文	1	0	1	1	1	0	0

有了这两个密文流,并知道第二位为 1,敌方就可以如下求出原始密钥和明文:

密钥流第 2 个数字 = 现密文流第 2 个数字 + 插入数字"1"(模 2 运算)= 1

原明文流第 2 个数字 = 密钥流第 2 个数字 + 原密文流第 2 个数字(模 2 运算)= 1

密钥流第 3 个数字 = 原明文流第 2 个数字 + 现密文流第 3 个数字 = 0

原明文流第 3 个数字 = 密钥流第 3 个数字 + 原密文流第 3 个数字 = 1

现在我们来加以说明。首先要求能在明文流中插入一个位,并截获密文流。假设原始明文、密钥流和密文为:

$$p1 \quad p2 \quad p3 \quad p4 \quad p5 \quad \cdots$$
$$k1 \quad k2 \quad k3 \quad k4 \quad k5 \quad \cdots$$
$$c1 \quad c2 \quad c3 \quad c4 \quad c5 \quad \cdots$$

如果敌方能在明文流中插入一个已知位 p,例如,插入在第一位后面,

情报保护神——密码

然后用同样的密钥加密后发送，结果将是：

$p1$	p	$p2$	$p3$	$p4$	$p5$	$\cdots$
$k1$	$k2$	$k3$	$k4$	$k5$	$k6$	$\cdots$
$d1$	$d2$	$d3$	$d4$	$d5$	$d6$	$\cdots$

由于敌方知道插入的已知位和这两个密文流，所以就可以构建一个等式组，从而可以求解出密钥和实际的明文。第一个求解出来的密钥位是$k2$，因为$k2 \equiv d2 + p\,(\mathrm{mod}\,2)$[①]，知道了$k2$就可以利用$p2 = k2 + c2\,(\mathrm{mod}\,2)$得出原明文流中的第2位，知道了$p2$，就可以利用$k3 \equiv p2 + d3\,(\mathrm{mod}\,2)$得出$k3$。由此类推，就可以有以下方程组：

$$p3 \equiv k3 + c3\,(\mathrm{mod}\,2)$$
$$k4 \equiv p3 + d4\,(\mathrm{mod}\,2)$$
$$p4 \equiv k4 + c4\,(\mathrm{mod}\,2)$$
$$k5 \equiv p4 + d5\,(\mathrm{mod}\,2)$$

这种攻击法的关键是得有办法在明文的某个位置插入一个位，并使发送方重新发送一次。在实际中，不太可能有这种情况发生，但是，这说明了流加密法存在一个弱点。

下面大家来尝试另一种更容易破解流加密法的方法——可能词攻击法。

可能词攻击法之位串匹配攻击法。同样，我们先打个比方。如果已知明文－密文，通过这两个位流做二进制逻辑运算即可得密钥：

表6－9

明文	0110	0001	0110	1100
密文	1011	0100	0001	0011
密钥流	1101	0101	0111	1111

---

① 在二进制运算中，$a + b = a - b$。

假设是一个 8 位的移位寄存器（因此可知 $m=8$），可以从以下矩阵得出反馈链：

$$\begin{pmatrix} 1 & 1 & 0 & 1 & 0 & 1 & 0 & 1 \\ 1 & 0 & 1 & 0 & 1 & 0 & 1 & 0 \\ 0 & 1 & 0 & 1 & 0 & 1 & 0 & 1 \\ 1 & 0 & 1 & 0 & 1 & 0 & 1 & 1 \\ 0 & 1 & 0 & 1 & 0 & 1 & 1 & 1 \\ 1 & 0 & 1 & 0 & 1 & 1 & 1 & 1 \\ 0 & 1 & 0 & 1 & 1 & 1 & 1 & 1 \\ 1 & 0 & 1 & 1 & 1 & 1 & 1 & 1 \end{pmatrix}$$

求解该矩阵的逆：

$$\begin{pmatrix} 1 & 1 & 0 & 1 & 0 & 1 & 0 & 1 \\ 1 & 0 & 1 & 0 & 1 & 0 & 1 & 0 \\ 0 & 1 & 0 & 1 & 0 & 1 & 0 & 1 \\ 1 & 0 & 1 & 0 & 1 & 0 & 1 & 1 \\ 0 & 1 & 0 & 1 & 0 & 1 & 1 & 1 \\ 1 & 0 & 1 & 0 & 1 & 1 & 1 & 1 \\ 0 & 1 & 0 & 1 & 1 & 1 & 1 & 1 \\ 1 & 0 & 1 & 1 & 1 & 1 & 1 & 1 \end{pmatrix}^{-1} = \begin{pmatrix} 1 & 0 & 1 & 0 & 0 & 0 & 0 & 0 \\ 0 & 1 & 1 & 0 & 0 & 0 & 0 & 1 \\ 1 & 1 & 0 & 0 & 0 & 0 & 1 & 0 \\ 0 & 0 & 0 & 0 & 0 & 1 & 0 & 1 \\ 0 & 0 & 0 & 0 & 1 & 0 & 1 & 0 \\ 0 & 0 & 0 & 1 & 0 & 1 & 0 & 0 \\ 0 & 0 & 1 & 0 & 1 & 0 & 0 & 0 \\ 0 & 1 & 0 & 1 & 0 & 0 & 0 & 0 \end{pmatrix}$$

将密钥位 $(k9, \cdots, k16)$ 与矩阵的逆相乘：

$$(01111111)\begin{pmatrix} 1 & 0 & 1 & 0 & 0 & 0 & 0 & 0 \\ 0 & 1 & 1 & 0 & 0 & 0 & 0 & 1 \\ 1 & 1 & 0 & 0 & 0 & 0 & 1 & 0 \\ 0 & 0 & 0 & 0 & 0 & 1 & 0 & 1 \\ 0 & 0 & 0 & 0 & 1 & 0 & 1 & 0 \\ 0 & 0 & 0 & 1 & 0 & 1 & 0 & 0 \\ 0 & 0 & 1 & 0 & 1 & 0 & 0 & 0 \\ 0 & 1 & 0 & 1 & 0 & 0 & 0 & 0 \end{pmatrix} = (11000000)$$

可得到反馈向量为（11000000），于是可知该线性移位寄存器有 8 位，

其中第 0 和第 1 位做二进制逻辑运算后反馈回寄存器。

现在我们来加以说明。这是可能词攻击更一般的解决方法。要用已知明文攻击法破解流密码，必须获得明文的位串及其相应的密文串，以及移位寄存器的大小。要重构密钥生成器，只需要找出反馈位。

破译方首先从已知的 m 位明文串 $p_i(i=0,1,\cdots,n-1)$ 以及其相应的 m 位密文串 $c_i(i=0,1,\cdots,n-1)$ 着手。利用下式，可以得出密钥串 k_i：

$$k_i \equiv p_i + c_i (\bmod\ 2)$$

通常，对于移位寄存器，密钥串的各位由下式给出：

$$k_{m+j} = \sum_{i=0}^{m-1} a_i k_{i+j} (\bmod\ 2)$$

其中，和与 2 的模就相当于一个二进制逻辑运算；m 是移位寄存器的大小；a_i 表示参与反馈的位，也就是说，如果 $a_4 = 1$，那么该位就反馈回移位寄存器。

如果已知明文流的位数 n 等于或大于 $2m$，那么就可以通过求解如下线性方程得出 a_i：

$$(a_0, a_1, \cdots, a_{m-1}) = (k_{m+1}, k_{m+2}, \cdots, k_{2m}) \begin{pmatrix} k_1 & k_2 & \cdots & k_m \\ k_2 & k_3 & \cdots & k_{m+1} \\ \vdots & \vdots & & \vdots \\ k_m & k_{m+1} & \cdots & k_{2m-1} \end{pmatrix}$$

一旦知道了 a_i，那么就知道了移位寄存器的结构，也就可以得出密钥了。

4. 流密码体制的实际应用

流加密法的实际应用出现在 1917 年，由 AT&T 公司的威廉（*bert Vernam*）提出。是他首次建议在明文流中使用 *XOR* 操作的。他的这一发现成为了后来的 *Vernam* 加密法。在 *Vernam* 中，明文由穿孔纸带组成，其中穿孔表示一个标记（就相当于现在的 1），空点表示一个空位（相当于现在的 0）。在穿孔纸带上，字符是由 5 个标记和空位序列表示的，这很像现在使用的 *ASC* Ⅱ 码。*Vernam* 加密法的密钥是一个纸带，其上有随机分布的标记和空位。明文纸带与密钥纸带并行。一次读取这两条纸带上的两个位置，如果同为标记或同为空位,那么密文纸带就为空位;如果不同,那么密文纸带就为标记。也就是说,今天的流加密法就是没有纸带的 *Vernam* 加密法。

最初,使用的是一个 8 英寸长的纸带环来生成密钥。同事 *Lyman More-house*,AT&T 公司的设备工程师,认为这样生成的密钥不够长,不能提供适当的安全性。他建议使用两个不同长度的密钥纸带,用一条随机纸带来加密另一条随机纸带,并将其结果作为一个二级密钥,用于实际的明文加密。如果一条随机纸带含有 50 个字符,另一条有 49 个,那么就有 2450(即 49 × 50)种随机字符可用作实际的加密密钥。但是,尽管进行了这样的改善,仍然满足不了 *Vernam* 加密法随机密钥的需求。

贝尔实验室的数学家和工程师克劳德·申农开始了通信研究。其研究工作的结果令人惊骇。他提出了通信理论的基础,开发了加密法的度量标准,形式化了"对手通过查看密文无法获得明文的任何东西"这一概念,并证明 *Vernam* 加密法是不可破解的。密钥的获取必须是完全随机的,并永不重复使用。申农证明,对于一个随机的不重复的密钥,不仅加密法不可破解,就是经验丰富的攻击者也无法还原明文。

有这样一个传言,早期,华盛顿与莫斯科之间的电传热线使用的是一次性纸板。大家都知道,俄罗斯的间谍就是使用一次性纸板来交换信息的。但是,由于需要大量的密钥,今天,一次性纸板已经不再适用了。现在人们使用的是伪随机密钥生成器。

(本章部分内容改编自赵燕枫《密码传奇》,在此致以感谢)

历史回顾

近代机器密码时代

在手工密码时代,人们通过纸和笔对字符进行加密和解密运算,速度不仅慢,而且枯燥乏味、工作量繁重。因此手工密码算法的设计受到一定的限制,不能设计很复杂的密码。随着第一次世界大战的爆发,工业革命

的兴起,密码术也进入了机器时代。与手工操作相比,机器密码使用了更加复杂的加密手段,同时加密解密效率也得到了很大提高。在这个时期虽然加密设备有了很大的进步,但是还没有形成密码学理论。加密的主要原理仍是代替、置换,或者二者的结合。

20 世纪 20 年代,随着机械和机电技术的成熟,以及电报和无线电的出现,引起了密码设备方面的一场革命——发明了转轮密码机,转轮机的出现是密码学发展的重要标志之一。美国人赫伯(*Edward Hebern*)认识到:通过硬件卷绕实现从转轮机的一边到另一边的单字母代替,然后将多个这样的转轮机连接起来,就可以实现几乎任何复杂度的多个字母代替。转轮机由一个键盘和一系列转轮组成,每个转轮是 26 个字母的任意组合。转轮被齿轮连接起来,当一个转轮转动时,可以将一个字母转换成另一个字母。照此传递下去,当最后一个转轮处理完毕时,就可以得到加密后的字母。为了使转轮密码更加安全,人们还把几种转轮和移动齿轮结合起来,所有转轮以不同的速度转动,并且通过调整转轮上字母的位置和速度为破译设置更大的障碍。

比如说 *Vernam* 密码机、*ENIGMA* 密码机、*SIGABA* 密码机、*B－21* 密码机、*M－209* 密码机、*TYPEX* 密码机、*PURPLE* 密码机等都是具有代表性的机器密码。

PURPLE 密码机是日本在 1937 年发明的一款密码机。日本称这种密码机为*97-shiki-obun In-ji-ki*（九七式欧文印字机）或 *Angooki Taipu B*（暗号机 *B* 型),而美国则用代号 *PURPLE* 来称呼这种密码机。由于 *PURPLE* 密

码机是在模仿 *ENIGMA* 密码机的基础上开发出来的加密机,所以又称为日本的 *ENIGMA* 密码机。在 1939 年至第二次世界大战结束前,日本外交部就一直使用 *PURPLE* 密码机进行秘密通信。

PURPLE 密码机是电动机械加密设备,是一款全新概念的密码机。采用电话步进开关,而不是像 *ENIGMA* 密码机那样使用轮子,因此每一步都具有完全不同的字母置换而不是某一轮子在不同位置上的相关置换。所以常规的密码分析技术是无法破译该密码的。

PURPLE 密码机有 3 个主要组成部分:一个是电子打字机部分(即输入打字机),作用是将明文信息输入机器中;第二部分是加密部分,它由一块接线板、四个电子编码环以及许多电线和开关组成,用于将明文加密成密文;最后一部分是用于输出的另一台电子打字机(即输出打字机),用于打印加密后的密文信息。

可以用长度为一至几十万的不同的字母系列来替换单个字母,这使得它可通过唯一的一系列步进来达到非同寻常的隐藏明文信息的能力。对信息进行加密前,操作员首先需要查看接线板设置操作键,以及四个步进开关的初始设置,然后再调整好密码机。加密时,操作员只需将明文信息通过电子打字机部分输入密码机,加密机就会自动完成加密并将密文通过输出打字机打印出来。解密时,操作员需要首先将加密机的初始状态设置成与加密时完全相同的初始状态,再将密文通过输入打字机输入密码机,此后输出打字机将会将相应的明文打印出来。

它的最大亮点是每个字母的加密都会提高步进开关的变化程度,从而对非常长的一段文字的相同字母也会产生几乎随机的加密。其缺点是它不能对标点符号及数字进行加密,因此需要操作员进行手工加密。

第七章

现代信息安全卫士——公钥密码体制

接下来，我们要进入一个崭新的密码时代。在此之前，还是跟我回顾一下之前的内容。

1949 年以前的密码还不能称为是一门科学，而只能称为是一种密码技术或密码术。1948 年，申农（*C. E. Shannon*）在 *Bell* 系统技术期刊上发表了他的论文"*A Mathematical Theory of Communication*"，该文应用概率论的思想来阐述如何最好地加密要发送的信息。1949 年，申农又在该期刊上发表了他的另一篇著名论文"*The Communication Theory of Secrecy Systems*"，这篇文章标志着传统密码学（理论）的真正开始。在该文中，申农首先将信息论引入了密码研究中。他利用概率统计的观点，同时引入熵的概念，对信息源、密钥源、接收和截获的密文，以及密码系统的安全性进行了数学描述和定量分析，并提出了通用的秘密密钥密码体制模型，从而使密码研究真正成为了一门学科。申农的这两篇论文，加之在信息与通信理论方面的一些其他工作，为现代密码学及密码分析学奠定了坚实的理论基础。

申 农　　　　　　　　　　　　　　　棣 弗

此后直到 20 世纪 70 年代中期,密码学的研究基本上是在军事和政府部门秘密地进行,所取得的研究进展不大,几乎没有见到什么研究成果公开发表。1974 年,*IBM* 公司应美国国家标准局 *NBS*①的要求,提交了基于 *Lucifer* 密码算法的一种改进算法,即数据加密标准 *DES*② 算法。1976 年底 *NBS* 正式颁布 *DES* 作为联邦信息处理标准 *FIPS*③,此后 *DES* 在政府部门以及民间商业部门等领域得到了广泛的应用。自此,传统密码学的理论与应用研究真正步入了蓬勃发展的道路。

自恺撒密码至 *NBS* 颁布的 *DES*,所有这些密码系统在加密与解密时所使用的密钥或电报密码本均相同,通信各方在进行秘密通信前,必须通过安全渠道获得同一密钥。这样的密码体制称为传统密码体制或对称密码体制。

随着科学技术的发展,现代密码体系都将计算机作为强大的工具,它既可快速发送信息,也可高性能地分析各种信息,所以密码体系日趋复杂,而破译手段也更趋成熟。传统密码体制在今天凸现出越来越多的问题!

① 现已更名为国家标准与技术研究局 NIST
② Data Encryption Standard
③ Federal Information Processing Standard

首先，是密钥数量的问题。

设想一个通信网络有 1000 个用户，任意两个用户彼此通信均需保密。用前述的传统密码体制，要有 $\dfrac{1000 \times 999}{2}$ 对密钥，每个用户保管自己的 999 对密钥，分别用于不同的用户，还需要经常更换。大量密钥的管理是严重问题，在私钥体制中，一对密钥（E,D）知道任何一个，很容易求出另一个（逆运算）。

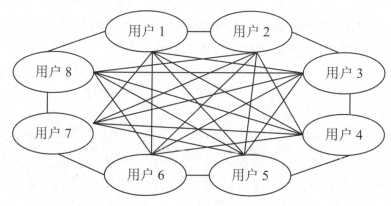

图 7-1　传统密码体制密钥示意图

其次，在传输密钥的过程中极有可能被第三方截获并破译，大大降低了其安全性能。

那有没有不需要传输密钥而能够加密的方法呢？

让我来告诉你一个有趣的方法:

假设一个情境:我想发送一条信息,于是把信件装在一个箱子里,加上锁,寄给小虹。小虹收到箱子后加上自己的锁寄还给我,当收到这箱子时,它加了两把锁。除去其中自己的那把锁,然后,再次寄给小虹。这就是问题的关键所在:小虹可以打开箱子了,因为箱子上面只有她的那把锁,而她自己有这把锁的钥匙(如图7-2所示)。

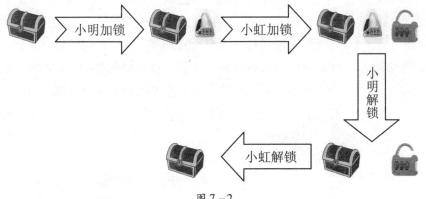

图7-2

这则小故事说明两个人可以交换秘密的信息而无须交换密钥。这是我们第一次看到密钥交换并非密码术中不可或缺的一部分。其实在计算机上也是同样的道理。然而,建立一个能实施小明加密、小虹加密、小明解密然后小虹解密的密码系统存在着一个非常基本的困难问题。这个问题是加密和解密的次序。一般来说,加密解密的次序很关键,必须满足"后进先出"这一定理。也就是说,最后一个加密的人应该最先解密。在如上的过程中,小虹是最后加密的人,那么她应该是最先解密的人,可如果小虹不能在小明之前解密,那一切设想都是空中楼阁。我们可以用日常做的小事理解次序的重要性。每天早上,总是先穿袜子再穿鞋,而每天晚上,总是先脱鞋再脱

情报保护神——密码

袜子——在脱鞋之前脱袜子是不可能的。我们也得遵守"后进先出"。

赫尔曼首先找到了满足条件的一个密钥的解决方案。可以用个形象的比喻来说明：

想象一个密码系统使用颜色作为密钥。首先，假想每个人包括小明、小虹和小强都有一个三升的罐子，每个罐子中都有一升黄色的颜料。如果小明和小虹想要达成一个密钥，他们每个人就把一种秘密颜色的颜料一升加到各自的罐子里。小明可能加的是深红色，小虹可能加的是天蓝色，两个人各自把混合好的颜料寄给对方。然后双方在对方混合颜料中加入一升自己的秘密颜色，这样，小虹和小明的罐子中就得到了同样的颜色：一升黄色的颜料，一升小明的秘密颜色，一升小虹的秘密颜色，这种混合了三种颜色的颜色正好可以用作密钥。而小强呢，他窃取到了运输途中的罐子中的颜色，因此他知道黄色和小明秘密颜色的混合色，也知道黄色和小虹秘密颜色的混合色，但他不能通过这些混合色来猜出两人的秘密颜色，因为颜色的混合是单向函数①，所以小强无法得到密钥（如图7-3所示）。

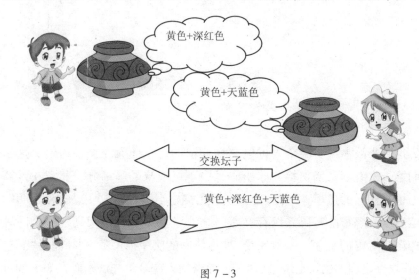

图 7-3

———————

① 单向函数作正变化很容易，但是逆变化就很困难，这就如同我们打破一个鸡蛋很容易，想把它再还原成原来的状态就困难无比了。

为了使设计的密码体系尽可能安全,它们都必须由两部分构成:一是加密程序,二是一把钥匙。前者往往编制成计算机程序,或设计成专门的计算机。后者选定的钥匙通常是一个秘密选定的数(借助于计算机,这个数字可以很大),依赖这把钥匙可实现信息的编码和解码,其重要性是可想而知的,人们在相当长的时间里,致力于这种程序的设计和破译,而常用的一种手段则是增加密钥的长度,使敌方即使了解设计的理论和方法,但要试遍所有钥匙也是难于实现的。

　　不过任何数字都还难以保证通信的绝对安全,何况任何密码体制都必须兼顾安全性和使用者的便捷性两个因素,过长的密钥显然大大地增加了使用者的工作量。因而密码体制还需进一步的改进,其方向之一是将“一把钥匙开一把锁”的密钥制改造为使用两把钥匙编码的新体制,这时一把钥匙用于加密,再用另一把钥匙解密。它好比一把锁需要两把钥匙才能使用:一把用于上锁,而另一把用于开锁,这种密码体制中加密的密钥是公开的,只需对解密钥匙保密,这就是以下将要介绍的“公钥体制”。

　　1976 年,棣弗(*W. Diffie*)与赫尔曼(*M. E. Hellman*)在期刊“*IEEE Transactions on Information Theory*”上发表了一篇著名论文“*New Directions in Cryptography*”,为现代密码学的发展打开了一个崭新的思路,开创了现代公钥密码学。在这篇文章中,首次提出设想,在一个密码体制中,不仅加密算法本身可以公开,甚至用于加密的密钥也可以公开。

　　也就是说,一个密码体制可以有两个不同的密钥:一个是必须保密的密钥,另一个是可以公开的密钥。若这样的公钥体制存在,就可以将公开密钥像电话簿一样公开,当一个用户需要向其他用户传送一条秘密信息时,就可以先从公开渠道查到该用户的公开密钥,用此密钥加密信息后将密文发送给该用户。此

情报保护神——密码

后该用户用他保密的密钥解密接收到的密文,即得到明文,而任何第三者则不能获得明文。这也就是公钥密码体制的构想。虽然他们当时没有提出一个完整的公钥密码体制,但是他们认为这样的密码体制一定存在。

棣弗后来发现了密钥分发问题更有效的解决之道。他创造了一种新型密码,称之"不对称密钥",即加密密钥和解密密钥不是相同的,这是不对称密钥非常特别之处。在此之前所有的加密方法都是"对称"的,比如使用 Enigma 给电文加密,接收者就需要用同一个密钥给密文解密。解密过程在过去只是加密过程的反演,而棣弗设想的是,小虹可以通过计算机作出自己的一对密钥:加密密钥是一个数字,而解密密钥是另一个不同的数字。可以把解密密钥保密,姑且把这个密钥称作小虹的"私人密钥",然后就可以把加密密钥发布在互联网上,希望全世界都知道这个公开密钥,这样任何人都可以给她发送加密的信息了,再也不用发愁分发密钥了。

如果小明想发一则消息给小虹,他就可以使用小虹的"公开密钥"加密,然后,小虹收到密文后用她的"私人密钥"解密。即使全世界都知道了小虹的"公开密钥",也没有一个人,包括小强在内可以破译给小虹的加密信息,因为公开密钥对解密是毫无帮助的。就连发送信息的小明一旦把信息加密后,也没有办法解密,只有拥有"私人密钥"的小虹才能解密这则消息。这个系统看来很简单,但为了把不对称密码这个概念变成可实行的密码系统,必须有人找到一个合适的单向函数,在特定情况下可以被逆运算。

传送一条信息
首先,查到她的加密方法(公开);
然后,用她的加密方法把这条信息加密;
最后,通过公开渠道把密文交给她。

接收一条信息
用自己保管的解密方法把收到的内容还原

图 7-4　公钥密码基本思想

就在提出公钥密码思想大约一年后,麻省理工学院的 Ron Rivest、Adi Shamir 和 Len Adleman 向世人公布了第一个这样的公钥密码算法,即以他们的名字的首字母命名的具有实际应用意义的 RSA 公钥密码体制。此后不久，人们又相继提出了 *Rabin*、*ElGamal*、*Goldwasser-Micali*，以及椭圆曲线密码体制等公钥密码体制。随着电子计算机等科学技术的进步，公钥密码体制的研究与应用得到了快速的发展。

这三位麻省理工学院的发明者，于1982年成立了 *RSA* 数据安全公司，第一次将公共秘密钥匙加密商业化，只不过1982年商家追逐的市场是互联网市场，那时大家还没有意识到互联网上的安全是多么至关重要。但是，美国国家安全署注意到了，竭力阻止公共加密的推广。1986年，政府禁止莲花公司出口他的软件，因为其中包含了 *RSA* 的加密法。随着互联网的飞速发展，网络安全的重要性日益明显，到了1994年，*RSA* 的加密法在多数美国软件中被广泛应用，许多外国公司还要求出口含 *RSA* 加密法的软件。

这种新体制正顺应了新时代的需要，通信进入了因特网网络时代。不仅用户增多，而且渗透到社会生活各种领域。除了军事和外交，在经济、管理和个人生活方面也需要保密，并且产生了一系列新问题需要解决（如数字签名和身份识别，密钥管理，电子仲裁等），使保密通信扩展到一个更为广泛的领域，叫做信息安全。

为了形象地描述这个问题，假设你处于一个虚拟世界中：所有的电话都是成对连接的，只用一个按钮来保护个人隐私。这样就不需要标准电话簿了，因为每部电话机都只与另外一部相连。这意味着，要与朋友甲通话，就必须与他共享一对电话机。如果要与朋友乙通话，你们就得共享另一对电话机。最后，你就不得不随身携带大量的电话了。当然，每条电话连接都很安全，除非某部电话被外人捡到了。如果你必须为每个要发送的消息都用不同的密钥，这就相当于你与每个人通话必须有一部不同的手机一样。也就是说，你就得有与朋友甲、朋友乙……通信的密钥。最后，你要么忘记了这些密钥，要么写在某个可能被发现的地方。管理密钥成了一个严峻而困难的问题，就像是不得不携带大量的电话机一样。

当然，你并不需要携带多部手机，因为在现实世界中，所需要的是一部可以拨打多个号码的手机，以及一本记录着电话号码的电话簿。这在很多方面与公钥的概念相似。加密密钥保存在公开场所，这样任何人都可以查找所需的密钥。

情报保护神——密码

一个公钥加密系统的要求如下：

(1)它应很容易生成公钥和私钥；

(2)它应很容易加密和解密；

(3)从公钥很难得出私钥；

(4)利用密文和公钥很难得出明文。

小虹，你能说出公钥密码体制的优势吗？

第一，它减少了网络用户必须管理的密钥数。

比如在一个包含有 5 个用户的网络当中，如果使用古典密码体制，总共需要 10 个保密密钥，每个用户都得记住(并保密)4 个密钥。但是，在公钥系统中，每个用户只需记住他们自己的私钥，从公共地区查找所需的公钥即可。如图 7－5、7－6 所示：

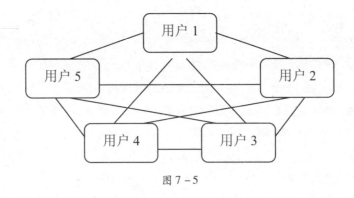

图 7－5

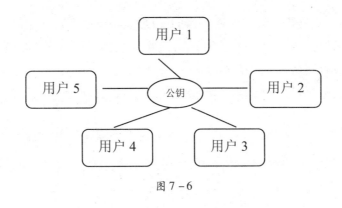

图 7－6

第二，在于密码管理，即如何处理和发送密钥。

考虑任何一个古典密码体制。加密密钥总是泄露解密密钥,从而不能公开前者。这意味着,发送者和接收者不得不提前商定好加密方法。为此,双方须见面或者将加密密钥通过绝对安全的信道传给对方。

如果使用公钥密码系统,则双方没必要见面,他们甚至可以互不认识或以前从未有过通信! 这是一个巨大的优点,例如在大数据库中有大量用户且某个用户仅仅想与某个特定用户通信,只要使用数据库中的信息即可达到此目的。

就密钥的长度而言,我们也可比较古典和公钥密码系统。由于必须对每个密钥进行描述,在用某个字符集中的一串字母描述密钥时,讨论密钥的长度是很自然的。古典和公钥密码学之间有一个显著的差异:

考虑一个古典密码系统。如果密钥比明文长,则没任何得益。由于对密钥必须进行安全传输,因此只要通过该安全信道传送明文即可,而不需要传送密钥。当然在某些情况下,可将密钥提前传送给对方,等待关键时刻用。

情报保护神——密码

考虑一个公钥系统。加密密钥的长度绝大多数是不相关的。不管怎样,加密密钥是公开的。这也意味着,解密密钥的长度绝大多数也是不相关的,接收者只需将它存储到一个安全地方即可。

最后,公钥系统的另一个优点体现在有一个新用户加入网络组中的时候。

如果第6个用户要加入到前面的古典密码系统中,就需要5个新密钥。但是,如果在公钥系统中,只需要在记录公钥的地方添加新用户的公钥即可。

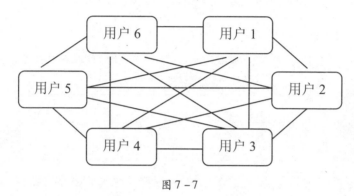

图 7 - 7

问题

棣弗和赫尔曼的思想具有革命性,但却很简单。在密码学的历史长河中,为什么这样一个简单思想直到 20 世纪 70 年代中期才出现?公开加密变换后的安全性是否有保障?如何认识这一卓越思想?

第一个问题的答案很容易:复杂度理论是近期才发展起来的,复杂度理论为我们提供了各种计算的复杂度信息。譬如,用最好的计算机进行这些计算需要多少时间?这样的信息在密码学中至关重要。

这就将我们带到第二个问题中。由于加密变换和解密变换"互逆",公开前者在数学意义上当然就公开了后者。然而,假定密码破译者从加密变换计算解密变换需要几百年,则公开加密变换对我们来说没有带来任何危害。这就是"安全性"的含义。

对于公钥思想的认识,我们再来感性地认识一下:

在现实生活中,我们可以看到一些单向街道,沿着这些街道从 A 到 B 很容易,但从 B 到 A 实际上不可行。加密可以看作是从 A 到 B 的方向。虽然你能沿这一方向走,但并不意味着你可以沿着相反的方向走,即解密。

取一个大城市的电话号码簿,很容易找到任何具体人的电话号码。另一方面,很难找到有某特定号码的人。若该号码簿由特别厚的几个分册组成,原则上,你不得不仔细读完所有分册才能找到。

这给出了一个公钥密码系统的思想。加密是上下文无关的,从字母到字母。对于明文的每个字母,从电话号码本中随机选一个以此字母开头的名字,对应的电话号码作为该明文字母的加密。[①] 因此,这是一个多表系统,出现在不同地方的两个相同字母用同一方法加密的可能性很小。

明文"come to ming"的加密可能如下:

表 7-1

明文	选择的名字	密文
c	*Cobham*	7184142
o	*Ogden*	3529517
m	*Maurer*	9372712
e	*Engeler*	2645611
t	*Takahashi*	2139181
o	*Orwell*	5314217
m	*Mark*	3541920
i	*Inn*	4002132
n	*Nageer*	7384502
g	*Gaierfangde*	5768115

① 这个基于电话号码本的系统仅作为一个初步说明,而不是作为一个实用密码系统。

将右边这一列中的数字逐个写下即得到密文。当然这些数字是按所示次序写出的。

注意该加密方法是非确定性的。同一个明文对应大量密文。该明文的合法接受者应该有一个按数字序排列的电话号码本。这样一个号码本使得解密变得容易。这个逆号码本只有该系统的合法使用者才知道。

如果没有这个逆号码本,则密码分析者处境困难。因此,尽管加密变换是公开的且密码分析者原则上知道它,但他如何翻译所截获的数字串则很困难。

单纯搜索所需时间太长。当然,密码分析者可能按照密文中的号码打电话并问主人名字。在许多场合下可能得到一个不客气的答复或者没有任何答复。此外,如果使用不同版本的电话号码本,则该方法也不适用。

公钥系统的设计思想是采用所谓"**单向**"函数 $\{E, D\}$ 作为密钥,E、D 为互逆运算,且 E 和 D 都容易实现。但已知 E 求它的逆运算 $D = E^{-1}$ 是非常困难的。这里 E 用于加密,D 用于解密,且 E 可公开。

现在设公司有 n 个用户 $A_1 \cdots, A_n$,彼此通信均需保密。公司取 n 组单向函数 $\{E_i, D_i\}$,其中 E_i 和 D_i 是互逆的运算,但是由 E_i 求 D_i 非常困难。E_i 和 D_i 分别叫用户 A_i 的**公钥**和**私钥**。公司把所有 $E_i(1 \le i \le n)$ 都公开,可像电话本一样装订成册,任何人都可查到每个用户 A_i 的公钥 E_i。而 D_i 只由 A_i 保存,不让任何外人知道。这样一来,每个用户 A_i 无论和多少人通信,只需保留一个密钥,即保留他自己的私钥 D_i 不被外人知道。保密的方式为:若用户 A_i 向用户 A_j 发信息 x(明文),则用户 A_i 查到 A_j 的公钥 E_j,A_i 将密文 $y = E_j(x)$ 发给 A_j,A_j 收到 y 之后,用自己的私钥 D_j 解码,恢复明文 $D_j(y) = D_j E_j(x) = x$。A_j 以外的人都可查到 A_j 的公钥 E_j,但是由 E_j 求 D_j 很难,所以不能恢复成明文 x。

这种公钥体制一提出来,不但解决了大量密钥保存的问题,而且立刻发现还可解决**数字签名**和**身份认证**问题。在电子通信中如何确保信息来自某个用户而不是由别人所伪造,长时间没有合适的方法。现在可以采用公钥体制加以解决:

设 A_i 向 A_j 向发信息 x，A_i 用自己的私钥 D_i 作用成 $y = D_i(x)$，这就是 A_i 的签名。任何人为了验证 y 来自 A_i，只需查到的 A_i 公钥 E_i，作用于 y 为 $E_i(y) = E_i D_i(x) = x$，恢复成有意义的明文，便知 y 来自于 A_i。由于 A_i 的私钥 D_i 很难由 E_i 求出，外人无法伪造签名 $y = D_i(x)$。如果 A_i 向 A_j 发信息 x 同时需要签名和加密，则 A_i 可先签名 $y = D_i(x)$，再加密 $z = E_j(y)$，然后发给 A_j。用户 A_j 收到后先去密 $D_j(z)$ 再认证便恢复成有意义的明文：$E_i D_j(z)$ $= E_i D_j E_j(y) = E_i(y) = E_i D_i(x) = x$。其模型如图 7 – 8 所示：

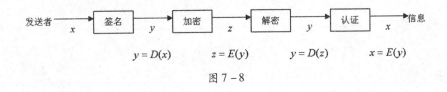

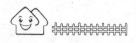

第八章

三个和尚有水喝——
RSA 公钥方案

> 显然，要实现公钥体制，关键是能找到许多单向函数。

在公钥体制提出之后的几年里，人们设计出各种单向函数 E，声称由 E 求其逆 D 是非常困难的。但是其中大多数方案不久都被人否决，其原因是找到了由 E 求 D 的多项式算法。到目前为止，站得住脚的主要有两种方案：RSA 方案和离散对数方案。这两种方案在信息安全的各领域已经得到实际应用。

发明 RSA 的三位科学家

RSA 公钥方案是 1977 年由 *Ron Rivest*、*Adi Shamirh* 和 *Len Adleman* 在美国麻省理工学院开发的。*RSA* 取名来自开发他们三者的名字。*RSA* 是目前最有影响力的公钥加密算法之一,它能够抵抗到目前为止已知的所有密码攻击,已被 *ISO* 推荐为公钥数据加密标准。*RSA* 算法基于一个十分简单的数论事实:将两个大素数相乘十分容易,但要是想对其乘积进行因式分解却极其困难,因此可以将乘积公开作为加密密钥。其过程是首先将明文字符转换为数字,即将明文字符的 *ASC* Ⅱ 二进制表示转换成相等的整数。然后进行相应的加密与解密过程。

长期以来有人声称,政府加密机构早在许多年之前就发现了 *RSA* 公钥方案,但是为了保密起见,一直未将此方案泄露出去。最后,在 1997 年,从英国的一个加密机构 *CESG* 发布的文件中得知,*James Ellis* 在 1970 年就已经发现了公开密钥密码体制。随后,在 1973 年,*Clifford Cocks* 写下了一份内部文件,描述了 *RSA* 方案!

RSA 使用了以大整数为模的同余指数运算。为了简单起见,我们先来看一个实例①:

取两个素数 $p = 5$, $q = 11$

- 准备工作

①计算 $n = pq = 55$, $m = (p-1)(q-1) = (5-1) \times (11-1) = 4 \times 10 = 40$,

②找一组满足条件 $ed \equiv 1 \pmod{40}$ 的整数 $e = 7$, $d = 23$,则可以得到加密密钥 $(55, 7)$ 作为公钥,解密密钥 (23) 作为私钥。

- 加密过程

---

① 这里举出一个具体的数值实例说明 *RSA* 密码体制,由于 p、q 均很小,因而与实际情况有很大差距,但可从中体会其设计原理。

情报保护神——密码

现在小明要将信息 x 发给小虹,则先将 x 转化为正整数,例如 $x=3$。

③在公开的加密密钥表中查到小虹的加密密钥 $E_{虹}=(55,7)$

④小明进行如下加密变换:

$3 \to 3^7 = 3^4 \times 3^2 \times 3 = 81 \times 9 \times 3 \equiv 42 \pmod{55}$

此时将明文 $x=3$ 转化成密文 $y=42$。将 $y=42$ 发送给小虹。

现在轮到我了

- 解密过程

收到密文 42 后,用自己解密的密钥 $D_{虹}=(23)$ 进行解密变换:

$$42 \to 42^{23} = 42^{24} \times 42^{22} \times 42^2 \times 42 \equiv 3 \pmod{55}$$

这样小虹就得到小明发给她的信息 $x=3$ 了。

从中,可以归纳出 RSA 公钥方案的加密与解密流程:

表 8 – 1

RSA 公钥方案算法
1. 甲方选择保密的素数 p 和 q,并计算 $n=p \times q$,$m=(p-1)(q-1)$
2. 找一组满足条件 $ed \equiv 1 \pmod{m}$ 的整数 e 和 d,则可以得到加密密钥 (n,e) 作为公钥,解密密钥 (d) 作为私钥。
3. 甲方将密文 x 加密为 $y \equiv x^e \pmod{n}$,并将 y 发送给乙方。
4. 乙方通过计算 $y^d = (x^e)^d = x^{ed} \equiv x \pmod{n}$ 解密。

当需要在 n 个用户之间传递消息时,它的一般表述为:

首先,随机地选取两个大素数 p 和 q(大致是 100 位或位数更多的素数),且 $p \neq q$。令 $n=pq$,$m=(p-1)(q-1)$。再取两个正整数 e 和 d,满足

$ed \equiv (\bmod m)$。则 e 和 d 可提供为一个用户 A_1 的公钥 E 和密钥 D，其中运算 E 为：$y = E(x) \equiv x^e (\bmod n)$；而运算 D 为：$D(y) \equiv y^d (\bmod n)$。这种运算都有多项式算法（复杂性为 $(\log_2 ^n)^2$）。可知[①] $DE(x) \equiv ED(y) \equiv x^{ed} \equiv x$ $(\bmod n)$。从而 D 和 E 是互逆运算。

将 e 和 n 分开，n 的分解式 $n = pq$ 保密，即将 $\{n, e\}$ 作为加密密钥 E 公开，而将 $\{d\}$ 作为解密密钥 D 严格保密。求 m 和 d 是十分困难的，这是因为 d 由 $ed \equiv 1 (\bmod m)$ 所确定，其中 $m = (p-1)(q-1)$。由于 n 是 200 位以上的大数，要分解 $n = pq$ 十分困难，外人不知道 p 和 q，所以无法知道 $m = (p-1)(q-1)$ 的值。同余式 $ed \equiv 1 (\bmod m)$ 的模 m 都不知道，当然无法由 e 求出 d。

其次，可以求出许多组正整数解 $\{e_i, d_i\}$（$1 \le e_i, d_i \le m-1$），使它们都满足 $e_i d_i \equiv 1 (\bmod m)$。选取其中 $i (1 \le i \le k)$ 组，就可分别发给 k 个用户 A_1，$A_2, \cdots, A_k$，其中 e_i 和 d_i 分别作为用户 A_i 的公钥和私钥，整数 n、$e_i (1 \le i \le k)$ 均公开，而每个用户 A_i 只保留自己的私钥 d_i。

最后，在使用这一体制通信时，用户要按一定步骤操作。为便于说明，假设用户 A_i 要将信息 x（这里 x 表示成 1 到 $n-1$ 之间的整数）发送给用户 A_j，这时 A_i 和 A_j 要依次进行下面的工作：

（1）A_i 在公开的加密密钥表中查到 A_j 的加密密钥 $E_j = (n_j, e_j)$；

（2）A_i 对明文 x 进行加密运算变成密文 $y = E_j(x) = x^{e_j} (\bmod n_j)$，然后将 y 发送给 A_j；

（3）A_j 收到 y 以后，用自己解密的私钥 $D_j = (d_j)$ 将 y 恢复成明文 $D_j(y)$ $= y^{d_j} \equiv (x^{e_j})^{d_j} (\bmod n_j) \equiv (x^{e_j d_j}) (\bmod n_j) \equiv x (\bmod n_j)$。

现在，我们再来看一个稍微复杂一点儿的例子！

① 参见相关数论知识。

选取了两个小素数 11 和 23。这两个素数的乘积确定了 n 和 m：

$$n = 11 \times 23 = 253, m = 10 \times 22 = 220$$

接下来就是选取私钥 d，d 与 m 互质。这样的数有很多个，假设小明选取了 $d = 19$。另一个公钥 e 需要满足 $19e \equiv 1 \pmod{220}$，可以计算出 $e = 139$。告诉小虹 $(253, 139)$。给她发送消息"Hi"。在 ASCⅡ 中，该消息用 16 位二进制表示为 01001000 01011001，将它转换成十进制数为 72 105。然后，小明使用给小虹的公钥来转换这个数：

$$72^{139} \equiv 2 \pmod{253}$$

$$105^{139} \equiv 101 \pmod{253}①$$

现在又轮到我了

接收到该消息为 $(2, 101)$，然后用私钥还原成原来的文字：

$$2^{19} \equiv 72 \pmod{253}$$

$$101^{19} \equiv 105 \pmod{253}$$

将这两个数转换成二进制，并在 *ASC*Ⅱ 表中查找相应的字符，可以知道发送给自己的真正消息是"*Hi*"。

如果在现实通讯中，真的使用这么小的数字，那么我就能很容易从公钥发现私钥啦！

———————————————

① 这些关于数论的繁杂的计算都可以通过计算机完成！

例如，如果小强知道了小虹的公钥为 $(253,139)$，那么他就可以尝试分解 253 以便得出 p 和 q 的值。不难得出，$253 = 11 \times 23$。知道了 p 和 q 的值，也就知道了 $(p-1)(q-1) = 220$。由于已经知道了 $e = 139$，那么求解以下等式得出私钥 d 的值就很容易了！

$$139d \equiv 1 \,(\text{mod } 220)$$

这意味着双方如果真的要使用 RSA，他们就必须选择两个很大的素数，从而使 n 几乎不可分解因子。

所以，真实的情况下，甲方可能选择：

$p =$ 349052951084765094914784961990389813341776463849338784399 0820577

$q =$ 327691329932667095499619881908344614131776429679929425397 98288533

这样 n 就是一个很大的数了：

$n =$ 114381625757888867669235779976146612010218296721242362562 56184293570693524573389783059712356395870505898907514759 9290026879543541

事实上，这也是一个 p 和 q 的糟糕选择，因为这个 n 值是 *RSA* 公司作为 *RSA-129* 而公开的，该数于 1994 年被成功分解了。在实际应用中，如果要想不让敌方发现他们的密钥，甲乙双方应选择多于 100 位的数！对于银行转账，N 至少大于 10^{308}，一亿台电脑加起来分解它也要 1000 年时间。只要 p 和 q 足够大，RSA 是无法被攻破的。

因此，在实现 *RSA* 之前，面临着一个关键的问题，那就是，需要找两个大素数，利用等式 $ed \equiv 1\,(\text{mod}\, m)$ 求解出有关的值。由于计算器和一般的计算机程序无法计算这么大的整数，因此需要一些能执行长整数数字运算的方法。要解决这个问题，我们需要掌握一些初等数论方面的知识：

相关初等数论知识

RSA 公钥方案借助于数论知识实现,其安全性是基于整数因子分解的困难,即计算两个大的素数 p 和 q 的乘积 $n = pq$ 不难,但是将一个大的整数(例如 10^{150} 位)分解为素因数乘积却几乎不可能。此外,还用到费马小定理等。为此,先介绍算术基本定理和费马小定理,这些定理揭示了整数分解成素数的相关性质。

定理 1(算术基本定理)　每个大于 1 的整数都可唯一分解成(不计次序)有限个素数(或叫质数)的乘积。

早在公元前 3 世纪,希腊数学家欧几里得在《几何原本》中给出了这一定理及其证明。这个定理是初等数论的基石。在理论上解决了整数分解的存在性和唯一性,但它没有提供分解的操作步骤和方法,因而在实际运用中,如果给出一个很大的正整数 n,如何求 n 的分解式? 进一步讲,如何判断 n 是质数还是合数?

从素数表中可以很容易地查找小素数,以作为 RSA 的密钥,但从安全角度来说,这是不可取的。例如,可能尝试使用素数 12553[①]。它是素数吗? 一个最笨的算法是用 $2, 3, \cdots, n-1$ 依次去除 n,如果均除不尽 n,则 n 是一个素数,分解完毕。如果某个 $k(2 \leq k \leq n-1)$ 除尽 n,则最小的这个 k 是 n 的一个素因数,再对整数 n/k 继续上面的算法,直至找出 n 的所有素因数,则分解完毕。这个方法被称为"筛法",实施这个算法至少需要 $n-2$ 次运算,我们取 $N = \log_2 n$,则算法的复杂性可用 n 对 N 的依赖关系来衡量,显然 n 越大,算法就越复杂。由于 $n = 2^N$,从而这是指数型算法。

几百年来,大数分解的算法经过许多努力和改进,至今仍未找到多项式算法(即算法复杂性为 $\log_2 n$ 的某个方幂的算法)。在实际运用中,目前用最好的计算机和算法,分解一个 100 位(即数量级为 10^{100})的整数用不到

[①]　这个素数太小了,这里只是作为一个示例。

1 小时,而分解一个 200 位的整数要用几万年。所以大数分解目前还是一个非常困难的问题。下面介绍的 RSA 方案正是基于这一现状设计的。

定理 2(威尔逊定理) 整数 p 是素数的充要条件是

$$(p-1)! \equiv -1(\bmod p)$$

威尔逊定理通常应用在对于较大素数的判别中。

定理 3(费马小定理) 设 p 为素数,a 是与 p 互素的整数,则 a^{p-1} 被 p 除余 1,写成同余式则为:若 $(a,p)=1$,则 $a^{p-1} \equiv 1(\bmod p)$。

这一定理首先由法国数学家费马(Fermat)作为猜想提出,18 世纪由欧拉给出证明并做出了重要推广,这就是

定理 4 设 $n = pq$,其中 p 和 q 是不同的素数,$m = (p-1)(q-1)$,则一定存在两个正整数 e 和 d,满足 $ed \equiv 1(\bmod m)$,且对每个整数 a,均有 $a^{ed} \equiv a (\bmod n)$。

掌握了这些知识,我们可以进行快速指数计算。例如,如何快速且高效地计算:

$$33890123410097^{23015} \equiv ? \ (\bmod 131)$$

最呆板的方法是将 33890123410097 自乘 23015 次,然后对 131 取模。可是,这是将一个 14 位的数字进行 2 万多次乘法。用手工来完成是不可能的,甚至用计算机也是比较慢的。

一个简单的方法是在每次乘法运算后就进行取模运算,而不是等到全部乘法运算完成后再进行。这样做是可以的,因为:

$$ab \equiv a_1 b_1 (\bmod n)$$

其中 $a \equiv a_1(\bmod n)$,$b \equiv b_1(\bmod n)$

这样在每次取模运算后的数字就变小了,当然乘法的次数仍是一样多。

同时,还可以用重复平方的方法来减少乘法的次数。例如,要计算 21^{16},需要进行 16 次乘法,但由于 $16 = 2 \times 2 \times 2 \times 2$,因此可以改写为:

$$21^{16} = 21^{2 \times 2 \times 2 \times 2} = (((({21})^2)^2)^2)^2$$

从而可以减少为只有 4 次乘法运算。这对所有指数为 2 的乘幂都是可以的。如果指数不是 2 的乘幂,那么就需要将它分解成 2 的乘幂之和。也

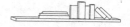

就是说,如果指数为 24,那么就先将 24 分解为 $2^4 + 2^3$,因此:

$$21^{24} = 21^{16+8} = 21^{16}21^8 = (((21)^2)^2)^2)^2 \times (((21)^2)^2)^2$$

这就只需 8 次乘法运算,而不是 24 次了。为了使得计算更容易,可以利用指数的二进制表示,将它改为 2 的乘幂。例如,41 的二进制表示为 101001_2,而 101001 与十进制 $2^5 + 2^3 + 2^0$ 相等,因此

$$21^{41} = 21^{32}21^821^1$$

从上面的介绍可以知道,利用重复平方和每次乘法运算后即对 n 取模,可以大大地减少计算工作量。例如要计算 $79^{51} \equiv ?(\bmod 90)$,需要进行 51 次乘法运算,并且中间结果非常大。但使用快速指数计算法可以如下解决这个问题:

$$79^{51} = 79^{32}79^{16}79^279^1(\bmod 90)$$

因为 $51 = 110011_2$。将这个幂运算展开:

$$79^{51} = (((((79)^2)^2)^2)^2)^2 \times ((((79)^2)^2)^2)^2 \times 79^2 \times 79(\bmod 90)$$

这使得乘法运算次数从 51 次减少为 13 次。如果注意到计算 79^{32} 同样需要计算 79^{16},还可以进一步减少运算的次数。

上面的等式计算如下:

$$79^2 \equiv 31(\bmod 90)$$

$$(79^2)^2 \equiv 31^2 \equiv 61(\bmod 90)$$

$$((79^2)^2)^2 \equiv 61^2 \equiv 31(\bmod 90)$$

$$(((79^2)^2)^2)^2 \equiv 31^2 \equiv 61(\bmod 90)$$

$$((((79^2)^2)^2)^2)^2 \equiv 61^2 \equiv 31(\bmod 90)$$

这样,问题就变成了 $31 \times 61 \times 31 \times 79 \equiv 19(\bmod 90)$

使用大数密钥的 *RSA* 加密方案其实也存在一些问题!

首先,密钥本身很大,不可能记得住,要正确输入都困难。其次,该算法运行慢。如果要使用一个理想的密钥,这些问题会变得更糟糕。因此,*RSA* 很少用来加密明文。它的主要作用是为密钥交换和数字签名提供一种安全的加密方法。

但是,作为在现实中曾经使用过的加密法,*RSA* 仍是重要的一种。对它的首先和最明显的攻击方法是将公钥分解因子,以找出 p 和 q 这两个素数。分解因子最简单的方法是尾部除法。我们来看一个实例:

小强截获了小明传递给小虹的一条信息:

表 8 −2

872113	423723	1722277	382609	1166418
489217	1346472	478777	1262541	2436322
2523374	2700185	1767245	1602334	1722277
2867006	1275413	1760613	2682469	755208

查找小虹的公钥,发现了如下内容:

$N = 2949691, e = 1801$

接下来所要做的是将 N 分解成两个素数 p 和 q。使用 *CAP* 软件,不到一秒钟的时间就发现其中一个因子是 1031。然后利用乘法运算,就可以得出另一个因子为 2861。接下来,按照小明小虹之间计算密钥 d 的相同步骤,可以得出 $d = 201021$。有了这个私钥,就可以将上面的密钥解密成如下明文 *"Alice I hope our key is large enough Bob"*。当发现通信被敌方阅读后,通信双方认为小密钥的 *RSA* 不再可靠了!

当小强再一次检查新公钥时,发现该公钥大了许多:

$N = 68969781959371, e = 2623883$

利用快速尾部除法,可以发现该新密钥的素数因子为 52013371 和

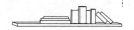

1326001,但是花费了近20分钟的时间。小强知道小明小虹最终会选用一个足够大的密钥,于是决定寻找另一种将大整数分解因子的方法。

拓展阅读

RSA 安全性的保证——大整数的因子分解

RSA 是建立在大整数分解的困难性之上,但到目前位置,还没有证明 *RSA* 体制的破译问题等价于大整数分解问题。然而,早在计算机和公钥加密法出现之前,人们就一直在寻找分解大整数的更有效的方法。几个世纪以来,数学家们就一直在探索因子分解的方法。17 世纪的法国数学家费马提出了一种方法:给定一个数 N,将它写成两平方数之差,即:

$$N = x^2 - y^2 = (x-y)(x+y)$$

这就可以立即得出 N 的两个因子。分解 N 的问题也就变成了查找 x 和 y 的值了。该算法是先猜测一个 x 值,然后用 $y^2 = x^2 - N$ 计算出 y 的值。由于 x 必须大于 N 的平方根,因此首先猜测必须是 $x = \sqrt{N} + 1$,然后再用它来计算 $z = x^2 - N$。如果 z 是某个数的平方,那么查找结束;否则,尝试下一个值 $x = \sqrt{N} + 2$。继续该过程,直到找到分解因子或时间用完为止。在这种情况下,分解因子接近于 N 的平方根,因此查找的范围最小。*J. W. Pollard* 开发了多种因子分解算法,这些算法并不要求有接近的因子。其中有一种称为 *Pollard Rho* 因子分解算法。该算法是查找两个这样的数:对 n 的一个素数因子取模后的结果相等。这听起来很复杂,其实相当简单。设要分解因子的数为 n,p 为 n 的一个未知因子,以及 $x_0, x_1, \cdots, x_m$,其中 $x_{j+1} = f(x_j)$ ($\mathrm{mod}\, n$),数列 $z_k = x_k (\mathrm{mod}\, p)$。由于数列 z 的值只限于 $0, 1, \cdots, p-1$,因此,它比 x 数列(即 $0, 1, \cdots, n-1$)重复得更快,如果 z 数列出现重复(即 $z_i = z_j$),这就意味着 $x_i = x_j (\mathrm{mod}\, p)$。这又反过来说明 p 可以除尽 $x_i - x_j$,从而表明 p 可除尽 n,因此 p 也必定能除尽 $x_i - x_j$ 与 n 的最大公约数。如果最大公约数不为 1 或 n,那么它就是 n 的一个因子。

1980 年使用该算法将第 8 个费马数进行了因子分解:

$$2^{2^8} + 1 = 12389263615528987 \times p\,62$$

其中,$p\,62$ 是一个 62 位的整数。

为了应对更快的计算机和新的因子分解算法,*RSA* 不断要求素数生成器生成更大的素数。在 1977 年的《科学美国人》专栏中,*Martin Gardner* 为第一个分解 *RSA-129* 的人设立一个 100 美元的奖。这个 129 位的数字是:

$n = 11438162575788886766923577997614661201021829672124236256256184293570693524573389783059712356395870505898907514759929002 6879543541$

1994 年,*Derek Atkins* 宣布成功地将它因子分解了:

$RSA - 129 = 3490529510847650949147849619903834177646384933878439908205 77 \times 327691329932667095499619881908344614131776429679929425397 98288533$

该工作是用二次方筛选算法来完成的。该算法是运行在 *Internet* 中多个志愿者的计算机上的,利用他们的空闲时间,大约有 1600 台计算机参与,花费了 8 个月才完成该因子分解工作。

RSA 公司为第一个成功分解一系列数字的人提供了现金奖励。1996 年 4 月,有人用数字域筛选算法将 *RSA-130* 成功分解了。完成该工作使用了 300 台工作站和 *PC* 机,还有一台 *Cray* 超级计算机,花费了 7 个月的时间。2003 年 2 月,还未被分解的最小的 *RSA* 素数为 174 位。

第一个成功分解它的人可获 10000 美元。这种挑战性的素数已达 617 位了(奖金为 200000 美元)。

第九章

一个人的精彩——
ElGamal 公钥方案

在 *RSA* 算法中，我们了解了基于因数分解的加密体制。还有一个数论问题，称为离散对数，它有类似的功能。

选择一个素数 p，设 α, β 为非 0 的模 p 整数，令

$$\beta = \alpha^x (\bmod\, p)$$

求 x 的问题称为离散对数问题。如果 n 是满足 $\alpha^n \equiv 1 (\bmod\, p)$ 的最小正整数，假设 $0 \leq x \leq n$，我们记：$x = L_\alpha(\beta)$，并称之为与 α 相关的 β 的离散对数。

让我给大家举一个例子吧

设 $p = 11, a = 2$，因为 $2^6 \equiv 9(\bmod\, 11)$，有 $L_2(9) = 6$。当然，$2^6 \equiv 2^{16} \equiv 2^{26} \equiv 9(\bmod\, 11)$，所以能够取 $6, 16, 26$ 中的任何一个作为离散对数，但所要的是最小的非负值，那么只能是 6。通常，α 被当作模 p 本原根，这表明每一个 β 都是 $\alpha(\bmod\, p)$ 的一个幂。如果 α 不是本原根，那么就不会为 β 值定义

离散对数。给定一个素数 p，在很多情况下很容易找到它的本原根。

当 p 很小的时候，很容易计算离散对数。然而，当 p 较大时，这种方法就行不通了。一般情况下都认为离散对数计算起来很难，而这也正是后面几种加密体制的基础。

离散对数能够被计算的最大素数长度与能够被因数分解的最大整数长度几乎是相等的。2001 年，离散对数能够计算 110 位的素数，这是当时离散对数能够计算的记录。后来因数分解的记录上升到 155 位。

如果 $f(x)$ 很容易计算，那么函数 $f(x)$ 就称为单向函数，但是，已知 y，很难由 $f(x) = y$ 求出 x。模的幂运算是这种函数的一个例子，计算 $\alpha^x(\bmod p)$ 很容易，但是解出 $\alpha^x \equiv \beta$ 中的 x 通常是很困难的；大素数的乘法也被认为是单向函数：很容易计算素数乘法，但很难根据最后的乘积得到相乘之前的素数。总之，单向函数有许多密码学方面的应用。

ElGamal 公钥密码体制是 1985 年 7 月由盖莫尔（Taher ElGamal）发明的，它是建立在离散对数问题的困难性基础之上的一种公钥密码体制。该密码体制既可用于加密，又可以用于数字签名，是除 *RSA* 之外最有代表性的公钥密码体制之一。至今仍被认为是一个安全性能较好的公钥密码体制，目前它被广泛应用于许多密码协议中，著名的美国数字签名标准 *DSS*，就是采用了 *ElGamal* 签名方案的一种变形。

与离散对数问题密切相关的是 *Diffie-Hellman* 问题（详见下节），它对公钥密码是很重要的，因为该问题显而易见的难解性构成了包括 *Diffie-Hellman* 密钥分配，*ElGamal* 公钥密码等在内的很多密码体制安全性的基础。

我们先来看一个简单的实例：

已知 $3^6 = 729 \equiv 1 \pmod 7$，则 6 和 1 是小虹的私钥和公钥，7、3、1 均公开，而 6 由小虹保密。即可取 $E = \{p=7, g=3, b=1\}$ 为公钥，$D=\{a=6\}$ 为私钥。

- 加密过程

要把信息 $x=4$ 发送给小虹，秘密地选取一个整数 $k=2$，计算

$$y_1 = 3^2 = 9 \equiv 2 \pmod 7, \quad y_2 = 4 \times 1^2 = 4 \equiv 4 \pmod 7$$

小明将信息 $(2,4)$ 发送给小虹。

现在轮到我了

- 解密过程

收到后解密得

$$x = 4\left(2^6\right)^{-1} = \frac{4}{64} = \frac{1}{16} = \frac{1 + (-7)7}{16} = -3 \equiv 4 \pmod 7。$$

便恢复成明文 $x=4$。

它的算法描述如下：

表 9-1

ElGamal 公钥方案
（1）公开参数：首先选取大素数 p 和模 p 的一个原根 g；再随机选取整数 $a: 1 \le a \le p-2$。
（2）密钥生成：计算 $b \equiv g^a \pmod p$。这里 p、g 是公开参数，b 是公开的加密密钥（公开钥），a 是保密的解密密钥（私钥）。
（3）加密运算：对明文 x，随机选取整数 $k: 1 \le k \le p-2$，计算 $$y_1 \equiv g^k \pmod p, \quad y_2 \equiv xb^k \pmod p$$

得到密文 $y = (y_1, y_2)$。

（4）解密运算：对密文 $y = (y_1, y_2)$，用私钥 a 解密为

$$y_2 (y_1{}^a)^{-1} \equiv (xb^k)(g^k)^{-a} \equiv xg^{ka}g^{-ka} \equiv x \pmod{p}$$

从而得到原文 x。

更一般的算法为：

设用户为 $A_1, \cdots, A_n$，取一个大素数 p 和 p 模的一个原根 g，再取 n 个整数 $a_i, 1 \le a_i \le p-2 (1 \le i \le n)$。计算 $b_i \equiv g^{a_i} \pmod{p}(1 \le b_i \le p-1)$。则 a_i 和 b_i 分别是用户 A_i 的私钥和公钥。$p, g, b_i (1 \le i \le n)$ 均公开，而 a_i 由用户 A_i 保密，信息 x 均表示成整数，$1 \le x \le p-1$。

（1）加密方法　用户 A_i 将信息 x 给用户 A_j 时，要依次进行下面的工作：A_i 秘密地选取一个整数 $k, 1 \le k \le p-2$，计算

$$y_1 \equiv g^k \pmod{p}, y_2 \equiv xb_j^k \pmod{p} (1 \le y_1, y_2 \le p-1)。$$

然后将密文 (y_1, y_2) 传给 A_j。

（2）解密方法　用户 A_j 收到 (y_1, y_2) 后，用自己的私钥 a_j 计算

$$y_2 (y_1^{a_j})^{-1} \equiv (xb_j^k)(g^k)^{-a_i} \equiv xg^{ka_{ji}}g^{-ka_{ji}} \pmod{p}，$$

便恢复成明文 x。

用户 A_i 发不同信息时，可用不同的 k 值，以增加破译的困难。

现在我们来看一个复杂一点的例子：

取素数 $p = 1299709, g = 5, a = 1079$。令 $b = 5^{1079} \equiv 1208656 \pmod{1299709}$。

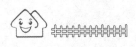

对于明文 $x = 1289608$，随机选取 $k = 35276$。计算

$y_1 = 5^{35276} \equiv 723569 \,(\bmod\, 1299709)$

$y_2 = 1289608 \times 1208656^{35276} \equiv 1193737 \,(\bmod\, 1299709)$ 即 x 加密后的密文

为 $y = (723569, 1193737)$；

这么大的数，看来我得借助于计算工具了

从 $y = (723569, 1193737)$ 解密出明文 x 为：

$x = 1193737 \times (723569^{1079})^{-1} \equiv 1289608 \,(\bmod\, 1299709)$

130

ElGamal 加密法引入了一些新的特征，这些特征是到目前为止所介绍过的其他加密法未曾出现过的。最显著的一个特征是密文生成中随机数的引入。这意味着相同的明文可能生出不同的密文，从安全的角度上来说是一个真正的提高。但是，由于密文是明文的两倍大，从而增加了对存储空间的需求，降低了数据传输的速度。

离散对数方案中的数论知识

离散对数方案也是基于数论中整数的性质。

定理1 设 p 为素数，则每个整数模 p 均同余于 $0, 1, 2, \cdots, p-1$ 当中的一个。

还可以证明：

定理2 一定存在整数 g(可使 $2 \leq g \leq p-1$)),使得 $g^0 = 1, g^1, g^2, \cdots,$ g^{p-2} 彼此模 p 不同余(由费马小定理可知 $g^{p-1} \equiv 1 (\bmod p)$,即 g^{p-1} 与 g^0 模 p 同余)。所以这 $p-1$ 个数不计次序分别模 p 同余于 $1, 2, \cdots, p-1$。这样的 g 叫作模 p 的一个原根。

例如,对 $p = 7$, $3^0, 3^1, 3^2, 3^3, 3^4, 3^5$,模 7 分别同余于 $1, 3, 2, 6, 4, 5$,所以 3 为模 7 的一个原根。

定义 如果 g 是模 p 的一个原根,则对于每个与 p 互素的整数 a,都存在唯一的整数 $i(1 \leq i \leq p-2)$,使得 $a \equiv g^i (\bmod p)$。i 叫做 a 对于 g 的(模 p)**离散对数**。

给了素数 p 和模 p 的一个原根 g,由 i 求 a 的指数运算是容易的,但是当素数 p 很大时,由 a 求离散对数 i 很难,目前没有多项式算法。这一现状用于信息安全,便产生了**离散对数公钥体制**。

这里还要补充,模 p 运算不仅可作加减乘法,还可以作除法:

对于每个整数 a 和 b,如果 $a \neq 0 (\bmod p)$,则存在整数 x,使得 $ax \equiv b (\bmod p)$。

由费马小定理,$a(a^{p-2}b) \equiv b (\bmod p)$,所以可取 $x = a^{p-2}b$。我们以 $a^{-1}b (\bmod p)$ 表示同余方程 $ax \equiv b (\bmod p)$ 的整数解,即模中运算的除法。

例如对 $p = 7$,同余方程 $3x \equiv 2 (\bmod 7)$ 的解为

$x \equiv 3^{7-2} \times 2 \equiv 3^5 \times 2 \equiv 3^4 \times 6 \equiv -22 \equiv 3 (\bmod 7)$

也可以用"约分"方法:$x \equiv \dfrac{2}{3} \equiv \dfrac{2+7}{3} \equiv \dfrac{9}{3} \equiv 3 (\bmod 7)$

现在再向大家介绍一种常用的公钥密码

——Rabin公钥密码体制

情报保护神——密码

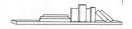

Rabin 公钥密码体制是 1979 年由麻省理工学院计算机科学实验室的 *M. O. Rabin* 在其论文"*Digitalized Signatures and Public-Key Functions as Intractable as Factorization*"中提出的一种公钥密码体制。可以说是 *RSA* 公钥密码体制的一种变形,其安全性是基于解二次剩余问题的困难性。

Rabin 公钥密码体制描述

(1)密钥产生:随机选定大素数 p 和 q 满足 $p, q \equiv 3 \pmod{4}$。计算 $n = pq$ 作为公开密钥,而 p 与 q 作为私钥。

(2)加密运算:设 m 是明文,加密后的密文 c 为

$$c \equiv m^2 \pmod{n}$$

(3)解密运算:解密运算就是解二次同余方程

$$x^2 \equiv c \pmod{n}$$

该方程的解等价于同余方程组

$$\begin{cases} x^2 \equiv c \pmod{p} \\ x^2 \equiv c \pmod{q} \end{cases} \text{ 的解}。$$

由初等数论知识可知,方程组的每个方程均有两个解,每一对解唯一确定方程组的一个解。因此方程组共有 4 个解。这样对每一个明文,通过解密运算得到的明文均有 4 个,所以要确定出有效的明文,必须在要加密的明文中加入一些额外的信息,如发送者的 ID、时间等信息,用以解密时在四者中选一。

当时 $p, q \equiv 3 \pmod{4}$,方程组的两个方程可以很容易地求解:因已知 c 是模 p 的平方剩余,设 $a^2 \equiv c \pmod{p}$,则 $c^{(p-1)/2} \equiv a^{p-1} \equiv 1 \pmod{p}$。于是由 $\frac{P+1}{4}$ 是整数,可计算出

$$(c^{\frac{p+1}{4}})^2 \equiv c^{\frac{p+1}{2}} \equiv c^{\frac{p-1}{2}} \cdot c \equiv c \pmod{p}$$

从而 $c^{\frac{p+1}{4}}$ 及 $p - c^{\frac{p+1}{4}}$ 是

$$x^2 \equiv c \pmod{p}$$

的两个解。同理可证 $c^{\frac{q+1}{4}}$ 和 $q - c^{\frac{q+1}{4}}$ 是

$$x^2 \equiv c \pmod{q}$$

的两个解。

Rabin 公钥密码体制是第一个可证明安全性的公钥密码体制的例子。也就是说,破译该体制的困难性已被证明等价于大整数的素因子分解。而破译 *RSA* 公钥密码体制的难度则不超过大整数的素因子分解,至今未被证明是与大整数的素因子分解等价的。所以在理论上说,*Rabin* 公钥密码体制的一个缺点是接收者面临着需要从 4 个可能的明文中选择出正确的明文问题。在实际应用中解决此问题的一条途径是加密前在明文中添加一些标识冗余码。

拓展阅读

公钥体制在秘密投票中的应用

密码方案也可用来设计投票方案。就网络选举而言,保密有特殊的重要性。

在秘密投票系统中,对窃听者而言,信息的传送应该是安全的。此外,在某些情况下也需要认证。我们假定这些要求已经得到考虑,并主要集中到秘密选举这个具体问题上。我们将特别考虑以下的四个问题:(1)只有合法投票者应该投一票;(2)选票应该是保密的;(3)不允许一个人投两票;(4)每个投票者应该能证明他的票确实计算到了最终结果上。满足上述 4 个要求的方案至少对最常见的选举欺骗是有效的。

一个最直接的方案是基于一个机构,该机构能够检查每个选举人的合法性,计算和公开选举结果。进一步假定每个选举人发送一个秘密身份证号和一个选票,而且选举结果用如下一个集合表来公开:

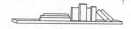

$$R_1, R_2, \cdots, R_k \qquad\qquad *$$

其中 $R_i(1 \le i \le k)$ 是那些选了第 i 个候选人，或者更一般地说，选择了第 i 个选举策略的选举者的秘密身份号的集合。这样，上面 4 个条件中的 (1)、(3) 和 (4) 得到了满足。条件(2)没有得到满足，这是由于该机构知道每个选举者的投票。如果使用两个机构，一个用于检查选举人的合法性 (L)，另一个用于计算和公布选举结果(C)，则条件(2)就会得到满足。机构 L 向机构 C 发送所有选举人的身份证的集合 N，但这两个机构之间不再有其他联系。这样，对选举人 A 而言，方案如下：

第一步：A 向 L 发送一个消息，例如，"你好，我是 A"。

第二步：如果 L 允许 A 投票，则向 A 发一个身份证号 $i(A)$ 并且把 A 从选举人的集合中去掉。如果不允许 A 投票，L 给 A 发一个消息"拒绝"。

第三步：A 选择一个秘密身份证 $s(A)$，并向 C 发送 3 元组 $(i(A), v(A), s(A))$，其中 $v(A)$ 是 A 的选票。

第四步：C 寻找 $i(A)$ 是否在集合 N 中。如果是，C 从 N 中去掉 $i(A)$ 并将 $s(A)$ 添加到那些选 $v(A)$ 的选举人的集合中。如果不是，C 就什么也不做。

第五步：在一个提前指定的时间，C 计算选票并在网络上公开选举结果以及集合表 *。

为增加安全性，可在第一步和第三步中使用公钥密码系统。用接受者的公钥对发送的消息进行加密和认证。

一个非法选举者可能通过猜一个身份证号 $i(B)$ 来设法欺骗。同样，一个合法选举者也可通过再猜一个身份证号来设法欺骗。如果使用的身份证号只是所有可能数的一小部分，例如，从最初 10^{100} 个正整数中选出 10^6 个身份证号，这种欺骗就不大可能成功。如果定义身份证号为形如 $10_n + i_n$ 的数，$i = 1, 2, \cdots$，其中 i_n 是 π 的十进制展开式中的第 n 位小数，则这些身份证号还不够稀少。

　　如果机构 L 和 C 串通起来，上述方案就不安全了。显而易见，结合 L 和 C 的知识即可知道每个选举人是如何选举的。需要一个更成熟的方案来克服这一困难。我们假定只有一个机构 C 并且用它代替上述方案中的 L。其他唯一的差别是在第二步中一个合法选举人"秘密地"从 C 那里购买一个身份证号。这就是说，C 将所有可能的身份证号以加密形式公开。然后 C 将其中一个为 A 解密，但不知道是哪一个。可将两个选举人买到同一个数的概率变为可忽略的程度，其方法是选择远远多于投票人的加过密的数。另一方面，甚至加过密的数在选举人可能猜到的数中也应该是稀少的。

第十章

密钥管理那点事儿——
Diffie – Hellman 算法

我们来看下面这个故事：

　　某天小虹收到了一封来自小明的消息，请求她发送一些重要文件。消息使用小虹的公钥加密，并告之小明有了一个新的公钥，应该使用这个新公钥加密发送给小明的数据。小虹使用了新的公钥，并发送了消息。一周后，当小虹询问小明这些文件时，小明一无所知。更糟糕的是，小明从来没有更换过密钥。

　　后来，小明收到了一条来自小虹的加密消息，请小明购买一件高价的物品。小明对此感到困惑，打电话确认她所发送的消息。当然，他不想在电话中讨论消息的内容，否则的话，就没有必要以加密的形式发送消息了。当小虹确认发送过一条消息之后，小明就购买了那件物品。第二天，小明才知道原来小虹需要买的并不是如此昂贵的物品。从现在开始，两人都不再相信他们之间互相发送的消息，即使这些消息使用高强度算法加密时也是如此。

　　他们已经发现，即使第三方不能够阅读他们的消息，依然有可能截获消息并发送一个修改后的版本，这是一个艰难的困局！显然，密码学开始成为了一种远远不止是隐藏信息的科学；使用密码学找到确保消息认证和共享密钥的途径也是十分重要的。

之前德国人为每一次 *Enigma* 传输设置一个唯一的密钥。他们想避免一而再地使用同一个密钥。理论上讲，这是一个好策略；但是，在现实中，这又造就了盟军能够利用的另一个弱点。他们的观点是正确的——不重复使用密钥——但他们在为每次传输建立唯一共同密钥时采用了错误的过程。现在这依然是密码学上的一个问题：如何在人们之间安全地共享新的密钥？

当甲乙方开始互相发送消息时，他们唯一关心的问题是敌方不能够读取信息内容。公钥密码体制无疑是一个很好的方法。但是，出现了一组全新的问题。其中第一个问题是管理新加密法所要求的大量随机密钥的问题。他们必须使用长达 56 ~ 256 位长度的密钥，并且，即使使用十六进制表示（四个位使用一个符号），这些密钥也很长，并且没有助记意义。

试一试 你能记住下面这个密钥吗？

$$4ef\ 0124a\ 9734cb\ 445b\ 016821cc\ 07397\ f$$

因此就产生了这样的结果：甲乙双方倾向于在某个东西上写下密钥，并把它保存在他们的计算机附近。很明显，管理密钥已经成为了一个问题。所有密码技术的安全性都依赖于密钥。现代密码学把数据加密保护的全部秘密系于密钥之上，故对密钥的保护至少要达到与数据本身保护同样的安全级别，才能使密钥不成为密码系统的薄弱环节。所以密钥的安全管理是保证密码系统安全性的关键因素。

情报保护神——密码

一、说说密钥管理

我们需要先来了解一下什么是密钥管理——

由于应用需求和功能上的区分,在一个密码系统中所使用的密钥的种类非常繁杂。按照所加密内容的不同,密钥可以分为用于一般数据加密的密钥(即会话密钥)和用于密钥加密的密钥,密钥加密密钥又可分为一般密钥加密密钥和主密钥。

会话密钥——也叫做数据密钥,指在一次通信或数据交换中,直接用于向用户数据提供密码操作(如加密、数字签名)的密钥。会话密钥一般由系统自动生成,且对用户是不可见的。

一般密钥加密密钥——通常简称为密钥加密密钥,它在整个密钥层次体系中位于会话密钥和主密钥之间,用于会话密钥或其下层密钥的加密,从而可实现这些密钥的在线分发,其本身又受到上层密钥或主密钥的保护。

主密钥——位于整个密钥层次体系的最高层。它是由用户选定或由系统分配给用户的,可在较长时间内由一对用户所专用的秘密密钥。

随着现代网络通信技术的发展,人们对网络上传递敏感信息的安全要求越来越高,商用密码得到广泛应用。随之而来的密钥使用也大量增加,如何用好密钥、保护密钥和管理密钥也成为重要的问题。实际上,密钥管理内容十分丰富,一般来说,一个密钥主要经历生成与存储、密钥分发、密钥启用与停用、密钥替换与更新、密钥销毁以及密钥撤销几个阶段。

（1）密钥产生

一个密码系统的安全性依赖于密钥。如果系统采用的是弱的密钥产生方法，那么攻击者就可很容易破译系统的密钥产生算法，从而攻破该密码算法系统。如果密钥的选择有一定的约束条件，那么就会缩小密钥空间，这样密钥就难以抵抗穷搜索法的攻击。所以密钥的产生过程必须要有一个较好的随机性。使用一个适当的随机数产生器是一个很好的选择。

（2）密钥存储

存储密钥最易受到攻击。首先明存密钥不能和密文放在一起。另外，存储的密钥还要有完整性控制措施和可用性保证。明存密钥由人记忆下来很难，故一般采用输入更多的比特然后再采用分组加密压缩产生密钥，称为"密钥碾压"。

（3）密钥分发

密钥分发（或密钥分配）既是密钥管理的核心问题，也是密码体制中非常困难的一个问题。如果密钥分配得不到很好的解决，那么密钥体制的安全问题就无法很好地解决。密钥分发要解决的问题就是如何将密钥安全地分配给保密通信的各方。从分发手段来说，密钥分发可分为人工分发与密钥交换协议动态分发两种。人工分发即物理分发。当需要进行保密通信的人数为 n 时，他们之间的任何一对要利用一共享密钥，那么需要密钥数为 $\dfrac{n(n-1)}{2}$。当人数较少时，采用人工秘密发送共享密钥是可行的。但如果 n 很大时，那么人工发送密钥是不切实际的。

（4）密钥启用与停用

密钥的启用指密钥发生作用的开始。密钥的停用指由于密钥的安全性问题或规定的密钥使用期限已满等原因使得密钥不再被使用。

（5）密钥替换与更新

当密钥怀疑已泄露，或被破坏，或将要过期时，就要产生新的密钥来替换或更新旧的密钥。

（6）密钥销毁

不用的旧密钥必须销毁，否则可能造成损失，别人可用它来读原来曾用它加密的文件，且旧密钥有利于分析密码体制。要安全地销毁密钥，如采用高质量碎纸机处理记录密钥的纸张，使攻击者不可能通过收集旧纸片来寻求有关秘钥的消息。对于硬盘中的存储数据，要进行多次覆盖重写。

（7）密钥撤销

如果密钥丢失或因其他原因需要撤销，如怀疑密钥已受到攻击的威胁或密钥的使用目的已经改变，在密钥未过期之前，需要将它从正常运行使用的集合中除去，此称之为密钥撤销。采用证书的公钥可通过撤销公钥证书实现对公钥的撤销。

（8）密钥有效期

密钥的有效期指密钥使用的生命期。对任何一个密钥应用系统，必须有一个策略能够检验密钥的有效期。不同性质的密钥应根据其不同的使用目的有不同的有效期。保密电话中的密钥有效期可以以通话时间为期限，再次通话时就启用新的密钥。

二、Diffie-Hellman 算法

公钥体制近年来得到广泛的应用，但是在一些重要和特殊的场合，仍采取私钥密码体制。假设某公司有 n 个用户 $A_1, \cdots, A_n$ 彼此通信都需要保密。共需 $\dfrac{n(n-1)}{2}$ 对私钥，这些密钥在生成和更换时需要传送，而密钥传送需要特别安全的通道，否则被人窃取将导致严重的后果。公钥思想不仅可

解决信息传递问题,还可以解决密钥管理问题。事实上,棣弗(*Diffie*)和赫尔曼(*Hellman*)在发明公钥体制时最先考虑的就是上述密钥管理问题。这一问题也是确保信息安全的重要部分。这里介绍他们用离散对数给出的一个密钥管理方案。

Diffie-Hellman 密码算法是第一个公钥算法。其安全性基于有限域上离散对数问题的难解性。该算法可用于密钥分配,但不能用于加解密信息。通信双方可用这个算法产生秘密会话密钥。

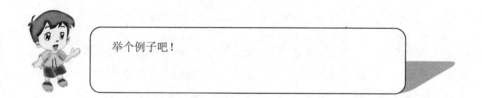

举个例子吧!

如果我和小虹双方同意使用值 $p = 768256701571159490022871$ 和 $g = 129633$,之后,我选择保密值为 1567,小虹选择保密值为 3001,我们分别计算要相互发送的数。得到要发送给小虹的值为 3748860625118221776574,小虹发送值 3412692391758026181 3405 给我。最终得到了下面的共同密钥:

323478797153776 27749156

现在,这个数字只有我和小虹知道,它可以以几种方式用作密钥来加密消息。例如,可以把这个数值转换为十六进制数,并把前八个十六进制数用作公用的 DES 密钥。也可以把这个数用于流密钥,其中部分数字用作反馈循环,部分数字用作移位寄存器的初始设置。这个密钥的十六进制表示为:

DB32A057D72A6FEB648

它的数学原理很简单。假设实体 A、B 要产生私钥,首先约定两个大整

数 n 和 $t(1 < t < n)$。这两个整数不必保密,双方可以通过不安全信道商定。这两个数也可以被一组用户共用。

Diffie-Hellman 密钥分配算法如下:

(1) A 选取一个大的随机数 $a(1 < a < n)$,将 a 保密,计算 $X \equiv t^a$ $(\mathrm{mod}\, n)$,并将 X 发送给 B。

(2) B 选取一个大的随机数 $b(1 < b < n)$,将 b 保密,计算 $Y \equiv t^b$ $(\mathrm{mod}\, n)$,并将 Y 发送给 A。

(3) A 计算 $k \equiv Y^a (\mathrm{mod}\, n)$

(4) B 计算 $k' \equiv X^b (\mathrm{mod}\, n)$

显而易见,$k = k' \equiv t^{ab}(\mathrm{mod}\, n)$,除 A 和 B 外,其他在信道上偷听的人不能计算这个值,他们只知道 n、t、X 和 Y。除非能计算离散对数以恢复出 a 和 b,否则无法得到 k,因而 k 是 A 和 B 独立计算的私钥。

从这个过程中,你观察到了什么?

(1) 甲乙双方都不关心最终的密钥到底是什么。

(2) 甲乙双方相互之间都不分享他们各自的保密数。

(3) 敌方能够得到 n, t 以及 X, Y,而得到 k 的唯一方法是计算出 a, b,这个问题等价于离散对数问题。

只有当公开的数字足够大时,*Diffie-Hellman* 方案才是安全的。即使这些数选择得很大,但依然会遭到第三方的破译。另一个问题在于,由于甲乙双方只能在一个不安全的通道上通信,那么,他们怎么能够知道通信的另一方到底是谁呢?

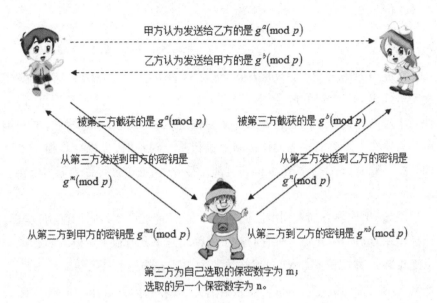

甲方认为发送给乙方的是 $g^a \pmod{p}$

乙方认为发送给甲方的是 $g^b \pmod{p}$

被第三方截获的是 $g^a \pmod{p}$ 被第三方截获的是 $g^b \pmod{p}$

从第三方发送到甲方的密钥是   从第三方发送到乙方的密钥是

$g^m \pmod{p}$ $g^n \pmod{p}$

从第三方到甲方的密钥是 $g^{ma} \pmod{p}$ 从第三方到乙方的密钥是 $g^{nb} \pmod{p}$

第三方为自己选取的保密数字为 m；
选取的另一个保密数字为 n。

图 10－1

  Diffie-Hellman 的认证版本也可以用于防止中间人攻击。这个版本要求甲乙双方都有用于帮助建立 *Diffie-Hellman* 过程的保密密钥和公钥。公开地分享素数 p 和数字 g。甲方有一个大的保密密钥 A 和公钥 g^A。乙方有一个大的保密密钥 B 和公钥 g^B。他们两个人都可以使用对方的公钥和自己的私钥来确定 $K = g^{AB}$。甲方计算 $(g^B)^A$，而乙方计算 $(g^A)^B$。由于第三方既不知道 A，也不知道 B，因此他不能够确定 K；这样，K 就可以用作认证值。过程变成了：

  （1）甲方发送一个随机数 a

  （2）他向乙方发送 g^{aK}

  （3）乙方发送一个随机数 b

  （4）他向甲方发送 g^{bK}

  （5）乙方按下述方式计算共同密钥：

$$K_{AB} = (g^{ak})^{k^{-1}b} = g^{ab}$$

甲方得到相同的密钥值：

$$K_{AB} = (g^{bk})^{k^{-1}a} = g^{ab}$$

对成对的用户来说, *Diffie-Hellman* 工作良好,但人们还需要为众多用户安全地建立一个已知的密钥。当有人想向几个用户广播一条消息时,这种需求进一步上升了。这种方式称为多播通信链路。另一些时候,当一组用户需要在一个多对多的通信链路上进行安全讨论时,也进一步提升了这种需要。此时,每一个发送者也同时都是接收者,这个过程称为等组通信。

例如,比如丙方加入到甲乙通信中。他们需要一个共同的密钥,这样,选择使用 *Diffie-Hellman*。所有的三个人都同意了共有值。甲方开始选择一个随机数 a,并把值 $g^a(\bmod n)$ 发送给乙方。乙方选择他自己的随机数 b,并把发送给甲方的值 $g^b(\bmod n)$,发送给丙方。最后,丙方选择一个随机数 c,并把值 $g^c(\bmod n)$ 发送给甲方。这样就完成了第一步工作。

现在,甲方向乙方发送值 $g^ac(\bmod n)$,乙方向丙方发送值 $g^ab(\bmod n)$,丙方向甲方发送值 $g^bc(\bmod n)$。这样完成了第二步工作。

第三步也就是最后一步工作是,每一个人都计算公共的密钥。甲方使用他自己的随机数和丙方发给他的值计算 $K = (g^{bc})^a \equiv g^{abc}(\bmod n)$;乙方使用他自己的随机数和甲方发送给他的值计算 $K = (g^{ac})^b \equiv g^{abc}(\bmod n)$;丙方使用他自己的随机数和乙方发送给他的值计算 $K = (g^{ab})^c \equiv g^{abc}(\bmod n)$。他们都拥有了相同的密钥,但从来没有直接发送这个密钥,因此,这个密钥依然是安全的。

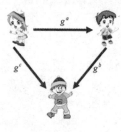

图 10 - 2

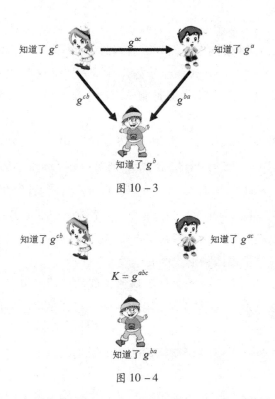

图 10 - 3

知道了 g^{cb} 知道了 g^{ac}

$K = g^{abc}$

知道了 g^{ba}

图 10 - 4

　　虽然这种方法直接也易用,但它确实带来了一些问题。例如,某人想要加入到他们的组中,他们就不得不再重复一次这样的步骤。不仅如此,如果每个人离开这个组,那么也必须再一次启动密钥分配过程。总而言之,这种过程没有提供大量用户的组和可变用户数量的组所需的灵活性。

　　Diffie-Hellman 密钥交换协议很容易扩展到三方或多方之间进行:

　　取一个大素数 p 和模 p 的一个原根 g。公司密钥管理中心取 n 个整数 $a_1, \cdots, a_n (1 \le a_i \le p-2)$,计算 $b_i \equiv g^{a_i}(\bmod p)$,$1 \le b_i \le p-1 (1 \le i \le n)$,把 p、g、$b_1, \cdots, b_n$ 公开,而把 a_i 秘密地传给用户 A_i 妥善保存(这只需 n 个可靠通道把 $a_1, \cdots, a_n$ 分别传给用户 $A_1, \cdots, A_n$)。

　　(1)密钥生成　用户 A_i 和 A_j 之间的密钥以下列方式生成。A_i 计算 $x_i \equiv b_j a_i (\bmod p)$($A_i$ 知道 a_i,而 b_j 是公开的)。A_j 计算 $x_j \equiv b_i^{a_{ji}}(\bmod p)$($1 \le$

$x_i, x_j \leq p-1$)。易知 $x_i \equiv x_j \equiv g^{a_i a_j} (\bmod p)$ ，从而 $x_i = x_j$ 。用户 A_i 和 A_j 之间便以这个公共值进行通信，他们只需各自计算，不需传递任何信息。第三者知道 $p, g, b_i \equiv g^{a_i} (\bmod p)$ 。记为 k_{ij} 作为密钥，由这些数据求 $k_{ij} \equiv g^{a_i a_j}$ $(\bmod p)$ 需要知道 a_i 或者 a_j 。但是由 b_i 或 b_j 求 a_i 或 a_j 是困难的离散对数问题。

(2) **密钥更换**　如果用户 A_i 和 A_j 想更换密钥，他们分别改用另外的 $a_i{}'$ 和 $a_j{}'$ ， A_i 把 $b_i{}' \equiv g^{a_i} (\bmod p)$ 传给 A_j ， A_j 把 $b_j{}' \equiv g^{a_j} (\bmod p)$ 传给 A_i 。然后 A_i 计算 $x_i{}' \equiv b_j{}'^{a_i} (\bmod p)$ ， A_j 计算 $x_j{}' \equiv b_i{}'^{a_j} (\bmod p)$ 。他们计算出的公共值 $k_{ij}{}'$ $\equiv x_i{}' \equiv x_j{}' \equiv g^{a_i a_j} (\bmod p)$ 就作为新的密钥，这个新密钥也不需要输送。

总的来说，良好的密钥管理系统不仅应该提供添加和删除成员的有效方法，而且也应该提供四种形式的安全性：

(1) 组密钥安全性——组外的人应该不能够得到组密钥；

(2) 后向安全性——从当前密钥的一个子集知识中不应该能够确定出前一个密钥；

(3) 前向安全性——从当前密钥的一个子集知识中不应该能够确定出任何未来要使用的密钥；

(4) 密钥独立性——从当前密钥的一个子集知识中不应该能够确定出任何组密钥。

三、可靠性

在圣诞节假日中，充满祝贺话语电子邮件的邮箱正像充满圣诞卡的普通邮箱一样。其差别在于祝贺语有时候包含了比表面上看起来更多的东西。伪造的、来自某个朋友的电子邮件有时候会告诉收件人登录看起来无害的站点，实际上可能包含了恶意代码。

2002 年，即时通信用户被电子邮件欺骗，警告他们其系统已经被感染，要求他们下载恶意代码。这些用户被指示到某个 Web 站点下载某个特别的软件，否则他们将会被即时通信系统屏蔽。当然，在用户实际下载这些伪造的软件之前，他们并没有被真正的感染。

还是在 2002 年，eBay 用户接收了一封请求他们更新其金融信息的电子邮件。这些用户被引导到一个名称为 www.ebayupdates.com 的站点。这个 Web 站点拥有真正的 eBay 公司标记,并且看起来是合法的。但这只是伪装。

对于这三个事件来说,使用加密系统可能什么作用也起不了。因为它们都有一些共性的东西:这些邮件都由欺诈者发送。这就提出了数字文档和消息都存在的问题,即使它们已经被加密,你如何能够知道它们的可信性呢? 实际上,这与1587年密谋反对伊丽莎白女王的那些人面临同样的问题。收集到的部分反对苏格兰玛丽女王的证据是以她自己的加密法发送的虚假消息。

当甲方和乙方相互发送文档时,也面临这个问题。利用 *Diffie-Hellman* 或某个变体的密钥交换协议,可以相对地确认它们分享了保密密钥。因此,问题不再是保密,而是可靠性。可靠性问题有多种形式。最简单的一种形式是完整性——消息曾经被修改吗? 还可能是这种情况,当甲方发送消息时,他并不关心乙方是否阅读了这个消息。他们只是确保第三方没有修改消息的内容。此时,他们可以在消息的末尾添加一个消息认证码(*MAC*)。*MAC* 的值依赖于消息的内容和保密密钥。

例如,如果甲方想发送一段可信的明文消息,由于他并不关心私密性,因此他并不向乙方发送密文,取而代之的是,他将密文的最后一块(*MAC*)附加到明文消息的末尾。当乙方接收到这条消息时,将加密后的最后一块与甲方发送的 *MAC* 进行比较。如果两者匹配的话,那么可以认为该消息完整无缺,否则,就可以认为有第三方以某种方式修改了消息。

为了验证可靠性和机密性,甲方会首先使用他自己的密钥加密明文,然后使用乙方的公钥加密结果。当乙方收到这条消息时,他首先使用自己的私钥进行解密,然后使用甲方的公钥恢复实际的明文。由于只有甲方知道自己的私钥,使用他的公钥能够恢复明文这个事实就是只有甲方能够生成这条消息的证据。由于只有乙方知道他自己的私钥,因此,也只有他能够解密出原始密文。如下图所示:

情报保护神——密码

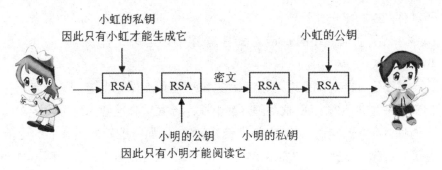

图 10－5 　 在可靠性和机密性方面使用 RSA

　　MAC 仅仅提供了一定程度的可靠性,也就是说,为了得到机密性,必须增加加密操作。法律方面经常要求比可靠性和机密性更多的东西:有的时候,小明和小虹之间发送的消息必须满足像正式签名文档那样的相同要求。这种需求导致了数字签名的开发。

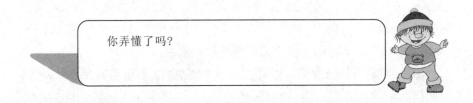

四、应用——智能卡

　　几乎每个人都有信用卡。它是一个一面写着名字和编号,另一面上有一个磁条、钱夹大小的塑料卡。在欧洲,绝大多数磁条卡已经被智能卡取代;在我国,替换过程也正在进行中。智能卡上有一个嵌入在塑料片中的微型电子设备,它上面有六到八只引脚。这个设备实际上是一台拥有自己 CPU 和内存的计算机。

　　典型的智能卡设备有一个 8 位的处理器、串行输入输出、用于保存程序数据的 ROM、存储计算数据的 RAM 和一个操作系统——所有这些都放在面积小于 25 的区域上。某些智能卡还拥有类似 FPGA 的设备,能够存储定制的数据 - 程序。智能卡微处理器芯片的布局如下图所示:

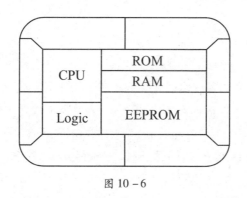

图 10 - 6

当智能卡在日本首先使用时,它开始了自己的发展。今天,世界各地每年制造的智能卡超过十亿张,并且其数量还在快速增长。

有三种类型的智能卡,接触卡、非接触卡和组合卡。接触卡必须插入读卡器中。非接触卡通过使用感应线圈收发无线电频率信号,通过在读卡设备附近滑过这种类型的卡而读取其内容。第三种类型是组合卡,它既可以插入读卡器中,也能够通过无线电信号读取。

智能卡有三项主要功能:(1)信息存储和管理;(2)持卡人标识;(3)运算(特别是加密 - 解密)。这些功能被转换为各种各样的应用,比如以电子钱包的形式存储货币;存储口令和加密法密钥;或者加密和解密数据。这些功能都与密码学有着明显的关系。

例如,智能卡可以用于网络登录,代替输入用户名和口令登陆到网络的传统方法。智能卡的登陆过程可能要求首先将卡插入读卡器;然后显示一个登录窗口。智能卡以加密格式存储复杂口令,但用户所要记住的东西只是一个简单的 *PIN* 值。其最终结果是,为了访问网络,要求用户实际拥有智能卡和用户名与 *PIN* 的值。

智能卡不仅仅只能存储口令。对于给定的处理能力,能够被用于签署诸如电子邮件这样的文档。实际上,智能卡是安全存储数字签名所需私钥的优秀设备。

历史回顾

有两个与加密法系统实现相关的事件,它们都有着历史重要性和现实重要性(实际上,事件远远不止这两个)。第一个事件是 *Pretty Good Privacy* (*PGP*) 的开发,另一个事件是正在进行中的 *Common Criteria* 的开发。两者都展示了加密法系统、政治问题、密钥管理、*Internet* 安全、许多与计算机安全和个人隐私相关的其他问题之间复杂和相互关联的本质。

20 世纪 70 年代,由于计算机技术的发展,许多人对政府越来越强的解码能力表示担心。我们面临对隐私最大的威胁来自摩尔法则:每 18 个月计算能力增强一倍。这样一来,政府背后的计算机就可以通过分析技术、监控数据而变得无所不知。在这种情况下,民主是否能生存就是个问题了。

强大的加密术在保护了守法公民安全通信的同时,也保护了犯罪分子、恐怖分子的通信,这使得进入 21 世纪后,有关密码术如何使用引起了广泛争议:一方面,它要使大众能够享用信息时代的好处;而另一方面,它又不能让罪犯滥用,从而危害其他的人。所以美国安全专家非常担心安全性能极高的密码被大众使用后,他们保护国家安全的工作会遇到巨大的障碍,甚至受到威胁。

从理论上说,1977 年发明的 *RSA* 就已经能够让个人制造私人密钥和公开密钥从而安全地发送信息。但是到了 1980 年,只有军队、政府和大企业才能通过大型计算机来实施他们的 *RSA*,而公众对此还是可望而不可即。不过,美国的菲利普(*Philip Zimmermann*)改变了这个局面,这让当局如临大敌。

菲利普认为每个人都应该能够享用由 *RSA* 系统提供的安全加密,从而保护他们的隐私。他把全部精力投入到开发一种大众用的 *RSA* 加密系统上。1992 年,开发了作为免费电子邮件加密程序使用的 *PGP*("相当好的隐私")。他是一位计算机安全顾问,也是一定程度的政治激进分子。他的 *PGP* 总目标是使用最好的可用加密算法;将它们集成到能够独立于任何操作系统的、易于使用的应用程序中;整个系统为最终用户免费使用。*PGP* 的原始版本使用他自己的块加密算法 *Bass-O-Matic*,但很快就发现这个算法太弱了。于是他将算法替换为 *IDEA*。他对 *PGP* 的开发并不仅仅包含一个块加密算法。现在它包含了用于密钥加密的 *RSA* 和用于散列生成的 *SHA-1* 。这些东西一起工作,通过一个简单的命令界面用户就可以使用它们。

其实在 *PGP* 中没有任何东西是原创的,他的聪明之处在于把现有的不同的密码技术联合起来,发挥各自的优势,从而达到更高的水平。首先,他想到了把 *RSA* 不对称加密系统和原来的对称加密系统联合起来使用,以达到加快 *RSA* 的目的。

他的方案是这样的——

小虹要给小明发一则加密信息,一开始她先把信息用对称密码加密系统如 *IDEA* 加密。在用 *IDEA* 加密时,小虹必须选择一个密钥,为了使小明能够解密,小虹需要把密钥安全地传给小明,怎么办? 这时,小虹可以使用小明的公开密钥来加密 *IDEA* 的密钥,然后把用 *IDEA* 加密的密文和用 *RSA* 加密的 *IDEA* 密钥一起发送过去。小明接到后先用他的私人密钥解密得到 *IDEA* 的密钥,然后再用 *IDEA* 的密钥去解密密文。

这样的好处是显而易见的

要传的信息也许很长,用对称密钥密码系统来加密、解密信息速度要

快得多,而 *IDEA* 的密钥相对信息而言要短得多,用速度稍慢的不对称密钥加密系统解密也不费多少时间。*Zimmermann* 把 *RSA* 系统和 *IDEA* 系统都放进了他的 *PGP* 软件包中,解决了速度问题,同时还给 *PGP* 软件包加了一些友好界面,以便更好地为大众服务。

另一个重要事件是 *Common Criteria* 尝试的开始。现在已经很清楚,加密法和安全方面的一半问题并不仅仅是选择一个强大的算法和找到一个强密钥。一个完整的密钥包可以包含多个算法、内部密钥生成方法以及用于散列和签名消息的过程。正如这个领域中一直存在的那样,问题是信任问题。你如何能够知道一个安全密码包正是你所需要的? 这个问题的答案或许能够在 *Common Criteria* 努力开发的成果中找到。

在 20 世纪 80 年代早期,美国政府意识到需要开发一些标准,用于评测安全产品的质量。首批的这些标准之一出现在可信计算机系统评测标准(*TCSEC*)中,它被称为"橘皮书"。随后,与 *TCSEC* 有着相同目标的欧洲标准——信息系统安全评测标准(*ITSEC*)——也发布了。1993 年,信息安全评测标准的开发被提高到建立国际标准的程度。*Common Criteria* 为评测不仅仅限于加密系统的安全特性提供了基础——它包含了全面的信息技术安全产品。厂商提交产品,独立的测试实验室按 *Common Criteria* 进行评测。评测结果为评测技术报告,在完成后,它为用户提供了产品能够按厂商所声称的功效工作的一种担保。

拓展阅读

数字签名

手写签名应用在社会生活的各个领域中。手写签名表现的是一种由某个人产生的独特的文字形式。其主要目的是为了表明签名者对某文字内容的认可,并产生某种承诺或法律上的效应,同时也体现出签名者的身份。手写签名也可在一定程度上防止他人对所签内容的伪造。

手写签名的基本特点是：

能与被签的文件在物理上不可分割；

签名者不能否认自己的签名；

签名不能被伪造；

容易被验证。

数字签名是手写签名的数学化形式，与所签信息"绑定"在一起。从根本上说数字签名就是一串二进制数。数字签名的目的和你自己的签名十分类似——它以法律可以接受的方式验证文档或消息的可靠性。

电子文档必须满足纸质文档具备的五个特性：无法伪造性、真实性、不可重用性、不可修改性和不可抵赖性。无法伪造性证明签名者，并且只有签名者能够实际签署文档，而不能应用于其他任何文档。不可修改性要求文档被签署之后就不能够被修改。最后，不可抵赖性确保签名者不能在以后声明他或她未签署过这个文档。

使用 RSA 的公钥协议能够满足这五个要求。但是，整个消息必须使用 RSA 进行加密，这种做法速度很慢。除此之外，由于存在对 RSA 某种形式的可能攻击，因此人们更倾向于使用它来加密很短的文字。因此，数字签名通常是依赖于整个明文内容的一小段密文。给定消息 m，标准方法是创建一个定长的消息摘要 $h(m)$，之后签署摘要 $S[h(m)]$。所签署的消息以 $(m, S[h(m)])$ 对的形式发送。通过颠倒签名过程、恢复 $h(m)$ 的值，并将 h 应用到所接收的消息上的方法验证消息。如果两个值相等，那么这个消息是真实的。这个使用过程如图所示：

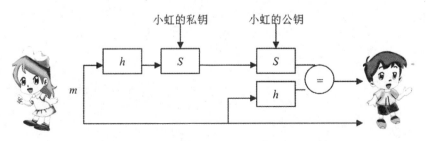

图 10-7　使用数字签名

　　在电子商务活动日益盛行的今天,数字签名的技术已受到人们的广泛关注与认可,其使用也越来越普遍。各国对数字签名的使用已颁布了相应的法案,如美国国会在 2000 年 6 月通过《电子签名全球与国内贸易法案》。按该项法案规定,电子签名将与普通合同签字在法庭上具有同等的法律效力。韩国早在 1999 年就颁布了"电子商务基本法"和一项使数字签名合法化的法案。2004 年 8 月,第十届全国人大常委会通过了我国《电子签名法》。这部法律规定,可靠的电子签名与手写签名或者盖章具有同等的法律效力。该法已于 2005 年 4 月起施行,它将对我国电子商务、电子政务的发展起到极其重要的促进作用。

第十一章

未来最可靠的密码——
量子密码

　　两千年来,密码制造者和密码破解者一直在战斗,密码制造者保藏密码,密码破解者竭尽全力地破解秘密。这一直是一场旗鼓相当的战斗,当先前的方法不再安全时,密码制造者就会发明新的、更有效的加密术。密码制造者似乎领先了,但密码破解者马上就会反击。

　　从使用简单替换的恺撒加密法,到诸如 AES 之类的只能用计算机才能完成的复杂替换的置换加密法,密码学走过了一段漫长的道路。看起来未来能做的也大概就这么多了。但这种猜想并不正确。我们现在处在了密码学和计算机发展的另一个变革边缘,它将比过去几十年的发展更大。计算机将进入量子力学的世界,关于现实世界的一些运算思想将发生根本的变化。一旦进入了这种新的世界,密码学将会发生什么变化,现在也只能猜想而已。

下面请跟随我和小虹一起进入未来的密码世界……

一、前途无量的量子计算机

在此之前，我们需要先来简单了解一下量子理论

我们首先追溯到 18 世纪末托马斯·杨的工作。托马斯·杨是英国的学者，他最先破译了埃及的象形文字。在剑桥的以马内利学院读书时，经常在学院附近的鸭子池塘度过下午的休闲时光。有一天，他注意到两只鸭子相互并排地在一起快乐地游泳。同时，观察到两只鸭子在身后留下了两道水纹，它们相互作用形成了一种特殊的凹凸和水平状斑点相间的水纹。这两道水纹在鸭子身后扇形分布，并且当一只鸭子发出的波峰碰到从另一只鸭子发出的波谷时，其结果是形成水平面的小斑点——也就是波峰和波谷互相抵消了。另一种情况，如果两个波峰同时达到同一点，则形成一个更高的波峰。而如果是两个波谷同时到达同一

点,则形成一个更深的波谷。杨被深深地吸引住了,因为这个现象让他回想起在1799年做的一个关于自然光的试验。

杨在一个隔板后设置了一个光源,在隔板上有两条细窄的竖直狭缝。又在离隔板一定距离的地方放了一块屏幕,让从两个狭缝穿过的光波投射在上面以便观察。光源打开后,从两狭缝射出的光呈扇形分布,而后在屏幕上形成了明暗相间的光斑。

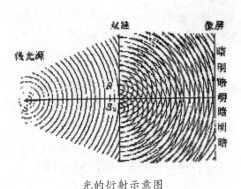

光的衍射示意图

杨开始设想光是以波的形式存在的。如果从两个狭缝发出的光有波的特征,那么它就会和两只鸭子身后的水波一样具有同样的性质。这就意味着,在屏幕上出现的明暗相间的光斑的成因,也就类似于水纹之间的相互作用导致形成的高峰、低谷和水平的斑点。

今天,我们知道光确实是一种波的形式,也知道它同时还具有粒子的性质

情报保护神——密码

光以波的形式存在还是以粒子的形式存在,视条件而定。光的这种不确定性被称为光的波粒二象性。经典的物理学能解释行星运行的轨道或炮弹的弹道,但却不能描述真实的微观世界,比如一个光子的轨道。为了

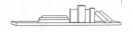

能解释诸如光子这一类现象,物理学家借助于量子理论①,它能解释物体在微观水平的运动行为。然而,就连量子理论家在怎样解释这个现象时也不能达成一致。他们渐渐分成两个意见相反的阵营——第一个阵营的解释被称为"重叠理论"。

在 1933 年获得诺贝尔物理学奖的埃尔温·薛定谔,创立了被称为"薛定谔的猫"的理论,经常被用来帮助解释重叠理论的概念。假定在一个盒子里有一只猫。猫可能有两种状态:即要么是死的要么是活的。开始的时候,我们知道这猫确切地处于一种特殊的状态,因为我们能看见它是活的。在这个时候,猫不存在重叠状态。接下来,在靠进盖子的地方放入一小瓶氰化物和猫同处于盒子中。现在我们在一段时间内不知道有什么事情发生,因为我们不能看见或测量猫的状态。它还活着,还是踢破了装氰化物的瓶子死了? 可是,量子理论的说法是这只猫处在两种状态的重叠状态——它既是活的,也是死的,它满足所有的可能性。重叠状态仅仅是在我们没有看到这个物体的时候发生的,这是一种描述处在不确定状态时的物体的方法。最后我们打开了盒子,就能看到猫活着还是死了。打开盒子看猫的这个举动强迫猫处在了一个特殊的状态,就在这个非常时刻,重叠状态消失了。

而第二个阵营的观点,也很怪异。这个"多元世界论"认为,离开光源的光子有两种选择——它要么穿过上边的狭缝要么穿过下边的狭缝——在这个时刻宇宙分成了两个宇宙,在一个宇宙光子穿过的是上边的狭缝,在另一个宇宙光子穿过的是下边的狭缝。这两个宇宙以某种方式互相干涉,这就说明了光斑的形成。多元世界论的支持者相信任何时候一个物体

① 量子理论是现代物理学的两大基石之一。量子论提供了新的关于自然界的表述方法和思考方法。量子论揭示了微观物质世界的基本规律,为原子物理学、固体物理学、核物理学和粒子物理学奠定了理论基础。它能很好地解释原子结构、原子光谱的规律性、化学元素的性质、光的吸收与辐射等。

都有进入几种可能状态中的一种状态的潜能。宇宙分成了许多宇宙，所以每一种潜能都能满足不同的宇宙。这种宇宙增殖的理论称为"多元宇宙论"。

无论我们接受哪一种观点，量子理论都是一门令人困惑的哲学

尽管如此，它仍然是至今为止所创立的科学理论中最成功、最实用的理论

只有量子理论才能使物理学家计算出发电站核反应堆反应的后果；只有量子理论能解释 DNA 的奇迹；只有量子理论才能解释太阳是怎样发光的；也只有用量子理论才能设计出在立体声播放器上播放音乐的激光。

在所有的由量子理论推出的结论中，在技术方面最重要的就是造出量子计算机的可能性

历史上编码者编制密码与破译者破译密码之间的争战从未停止过。爱德加·艾伦·坡曾经说过，有人能编制出来密码，就有人能够破译，但最终看，这或许是不对的。我们最好的数学证据可以证明事实并非如此，事实上，编码者的确是要胜过解码者。只要人们会犯错，密码破译就能存在下去，但是密码系统本身日臻完美，只要正确使用它们，就不会被破解。

然而，从整个历史看，新密码在出现时总是宣布不可破译，但到最后都

情报保护神——密码

被破解了。当密码进入量子计算机①时代，人类智慧又将受到一次挑战，只有时间才能最终评定胜负。

英国物理学家戴维·多伊奇是研究量子计算机的先锋之一，他在 1984 年参加了一次关于计算理论的会议，之后开始着手这方面概念的工作。1985 年他发表了一篇论文，其中阐述了他设想的根据量子物理定律进行操作的量子计算机。特别的是，阐明了量子计算机与普通计算机的不同点。假设你有一个问题，这个问题有两种形式。在一台普通计算机上回答这个有两种形式的问题，不得不将第一种形式输入电脑然后等待答案，接着输入第二种形式再等待这个答案出来。换句话说，一台普通的计算机一次只能处理一个问题，如果有几个问题，那它只能逐个处理。但用的是一台量子计算机的话，这两个问题会被合并成两种状态的重叠态，一个状态就是一个问题。

量子计算机 *VS* 普通计算机

量子计算机到底有多大威力，我们不妨看看下面这个问题：

找到一个数，要求它的平方和立方一共用了阿拉伯数字 0 到 9 一次而且只有一次。如果我们试一下数字 19，就会发现 $19^2 = 361$；$19^3 = 6859$。19 不满足条件，因为它的平方和立方只含有阿拉伯数字：1，3，5，6，6，8，9，像 0，2，4，7 就没有，而且 6 重复了。

---

① 量子计算机是一类遵循量子力学规律进行高速数学和逻辑运算、存储及处理量子信息的物理装置。当某个装置处理和计算的是量子信息，运行的是量子算法时，它就是量子计算机。

用传统的计算机解决这个问题,操作员不得不采取下面的方法:将数字 1 输入进去然后让计算机进行测试。一旦计算机完成了必要的运算,就告之这个数字是否符合标准。如果数字 1 不符合标准,那么操作员输入数字 2 让计算机再一次运行并测试……直到符合标准的数字最终被找到。计算机输出的答案是 69,因为 $69^2 = 4761$;$69^3 = 328059$,这些数字包含了阿拉伯数字 0 到 9 一次而且只有一次。实际上,69 是唯一能满足这些条件的数字。可见这个过程是非常耗时的,因为传统的计算机一次只能测试一个数字。如果计算机测试一个数字要 1 秒钟,那么它将花 69 秒才能找到答案。相反,一台量子计算机只需花 1 秒钟就能找到答案。

　　操作员首先要把数字表示成一种特殊的形式以利于发挥量子计算机的威力。表示数字的一种方法是利用自旋粒子的形式——许多基本的粒子都具有自旋的本性,它们要么自西向东自旋,要么自东向西自旋,就像一个篮球在指尖旋转。当一个粒子自西向东自旋时,它就代表 1;反之,就代表 0。因此,一系列的自旋粒子就代表一系

列的 1 和 0,或是一个二进制数。比如说,有七个粒子,自选方向分别是向东、向东、向西、向东、向西、向东、向西,组合起来就是 1101000 这个二进制数字,它等于十进制数 104。根据这七个粒子的自旋方向,它们的组合就能表示出 0 到 127 之间的任何数字。

　　用传统的计算机进行这种操作,要输入一串粒子的自选方向,比如向西、向西、向西、向西、向西、向西、向东,这代表 0000001,仅仅表示的是十进制数 1。然后就等待计算机测试这个数字,看它是否满足早先时候列出的条件。接着操作员将输入 0000010,这一序列的粒子自选方向代表 2,依此类推。一次只能输入一个数字,而这是很耗时的。但如果用量子计算机处理的话,可以选择两种输入数字的方法,而且会快得多。因为使用的都是基本粒子,所以它们遵守量子物理定律。因此,当一个粒子没有被观察时,

它就处于重叠态,这就意味着它同时在两个方向都有自旋,所以它可同时代表 0 和 1。另一种选择是,我们可以认为这个粒子进入了两个不同的宇宙:在一个宇宙它的自旋向东代表 1,而在另一个宇宙它自旋向西代表 0。

由于七个粒子都处于重叠态,实际上就代表了自西向东和自东向西自旋的所有可能的组合。这七个粒子同时表示了 128 种不同的状态或 128 个不同的数字。操作员将这七个粒子输入量子计算机,仍保持重叠态,然后计算机运行计算程序,同时测试了全部 128 个数字。一秒钟后,计算机输出了满足前提条件的数字 69。操作员只付出了一次代价就完成了 128 次计算过程。

嗯……我还想了解一下量子计算机的实际运用情况

量子计算机在 20 世纪后期引起物理界和计算界的极大兴趣,许多国家都把量子计算列为重大研究项目。尽管在实验上不断有突破,但是人们还无法预测量子计算何时得以实现。

与实验相比,量子计算机在理论上似乎走得更远。1994 年,新泽西贝尔实验室的彼特·肖尔成功地勾勒出可用的量子计算机程序的雏形。基于这种理论,肖尔对于大数分解和离散对数问题均给出了量子计算的多项式算法。这意味着,量子计算机一旦建成,现在使用的 RSA 和离散对数公钥体制所制作的信息安全措施全部都会失效!肖尔的这项工作在 1998 年柏林举行的世界数学家大会上荣获应用数学的世界最高奖——尼凡林那奖。1996 年,贝尔实验室的洛夫·格罗弗编写了一个强大的程序,能以难以想象的高速度搜寻一个列表,这恰恰是解开 DES 密码所需要的。用常规计算机每秒钟检查一百万个密钥,要解开 DES 密码要花一千年的时间,然而一台用格罗弗的程序运行的量子计算机将在不超过四分钟内找到密钥。

有了量子计算机，我就可以战无不胜了。

所有的密码体制我都可以破译，哈哈……

那恐怕暂时要让你失望了。

量子计算机是通过量子分裂式、量子修补式来进行一系列的大规模高精确度的运算的。其浮点运算性能是普通家用电脑的 CPU 所无法比拟的，量子计算机大规模运算的方式其实就类似于普通电脑的批处理程序，其运算方式简单来说就是通过大量的量子分裂，再进行高速的量子修补，但是其精确度和速度也是普通电脑望尘莫及的，因此造价相当惊人。

另外，在运行这一系列高难度运算的背后，是可怕的能量消耗、不怎么长的使用寿命和恐怖的热量。假设核电站 1 天可以提供 7000 万千瓦电量，那么一台量子计算机可以在短短的 10 天内将这些电量消耗殆尽，这是最保守的估计；如果一台量子计算机一天工作 4 小时左右，那么它的寿命将只有可怜的 2 年，如果工作 6 小时以上，恐怕连 1 年都不行，这也是最保守的估计；假定量子计算机每小时所产生的热量能使自身温度升高 70 摄氏度，那么 2 小时内机箱将达到 200 摄氏度，6 小时恐怕散热装置都要被融化了，这还是最保守的估计！

迄今为止，世界上还没有真正意义上的量子计算机。但是，世界各地的许多实验室正在以巨大的热情追寻着这个梦想。如何实现量子计算，方案并不少，问题是在实验上实现对微观量子态的操纵确实太困难了。研究量子计算机的目的不是要用它来取代现有的计算机。量子计算机使计算的概念焕然一新，这是量子计算机与其他计算机如光计算机和生物计算机

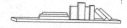

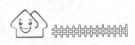

等的不同之处。可以肯定的是,量子计算机的研究与开发必然是个人隐私、国际商务和全球安全的潜在威胁!

二、堪称完美的密码——量子密码

小虹,你知道未来世界最强的密码是什么吗?

当密码破译专家期待着量子计算机时代的到来时,密码专家正在为实现他们的技术奇迹而努力工作,这是一种加密系统,它将重新恢复隐私权,甚至在面对强大的量子计算机时仍能起作用。这种新型的加密术是没有缺陷的,将永远保护我们绝对的安全。而且,它是以量子理论为基础的,和量子计算机使用的是一样的理论基础。所以,当量子理论给计算机提供了启发,使之能破解现在存在的所有的密码时,它也启发了新式密码——量子密码。

我们用一幅扑克牌来简单解释一下量子密码术——

每一张牌都有花色和数字,就像红心 J、梅花 6,通常我们都是同时看一张牌的花色和数字。假设只可能要么看花色,要么看数字,二者不能同时知道。小虹从一副牌里抽了一张,并决定是看花色还是看数字。假设她选择看花色,结果是"黑桃"。她记了下来,这张牌恰好是黑桃 6,但小虹只知道是一张黑桃。然后她传给小明，这时候，淘气包小强也要看这张牌，但不幸的是他选择看的是牌的数字，结果是"6"。当小明收到这张牌时，决定看牌的花色，结果仍然是"黑桃"，他也记录了下来。

之后，小虹打电话给小明，问他是否看的是花色，他说是的，因此他们共享了某个共有的信息——他们都把"黑桃"记在了笔记本上。同时，小强笔记本上记的是数字"6"，根本一点用也没有。

接着，小虹又抽出一张牌，是红桃K，但她也只能看一种性质。这次选择看牌的数字，结果是"K"，然后同样用电话线传送给小明。小强也要看这张牌，而且也选择了数字，接到结果"K"。当小明接到牌时，他决定看的是花色，结果是"红桃"。

之后，小虹问小明看的是不是数字，小明承认他看的是花色。但是不必担心，因为可以把这张特殊的牌完全舍去，再从那副牌中抽一张再来一次。在发出几张牌后，小虹和小明共同协商得到了一个序列的花色和数字组合，然后就可以用作某种密钥的主要组成部分。

这个方法使得小虹和小明共同协商确定了一个密钥，而小强却不可能在密钥足够的情况下完全不犯错地截取到这个密钥。这就是量子密码术的大概原理。

量子密码的想法最早由美国哥伦比亚大学毕业的威斯纳于1970年提出，他的文章连续向四家期刊投稿均被退回。1985年，美国IBM一个实验室的研究员贝内特和蒙特利尔大学计算机系的布拉萨德一起用威斯纳的想法（光子偏振的随机性）设计出量子密码方案。这种方案可以生成完全随机（不只是"伪"随机）的密钥，在理论上被认为是"绝对"不可破译的。

量子密码是密码学领域的一个很有前途的新方向，量子密码是一种理论上绝对安全的密码技术。科学家们认为它是最安全的密码，最高明的黑

客也将对它一筹莫展,美国《商业周刊》将量子密码列在"改变人类未来生活的十大发明"的第三位。量子密码通信不光是绝对安全的、不可破译的,而且任何窃取量子的动作都会改变量子的状态。

量子密码术是以量子理论为基础建立起来的没有缺陷的加密方式,如果这个研究得以实现,那么未来的人们就能拥有绝对的隐私权。与传统的密码系统不同,它依赖于物理学作为安全模式的关键方面而不是数学。实质上,量子密码术是基于单个光子的应用和它们固有的量子属性开发的不可破解的密码系统,因为在不干扰系统的情况下无法测定该系统的量子状态。理论上其他微粒也可以用,只是光子具有所有需要的品质,它们的行为相对较好理解,同时又是最有前途的高带宽通信介质光纤电缆的信息载体。

嗯……我也想了解一下量子密码的实际运用情况

如果量子密码系统能实现操作,那么看起来密码学的发展将会停止。量子密码系统能够保障政府、军队、商业还有公众通信的绝对安全,没有任何力量可以破译。可是更严峻的问题摆在了全人类面前:政府是否允许公众使用量子密码?我们应该如何利用这项技术,使它只对信息时代有益,而不是保护犯罪?量子密码能让隐私权发挥到极致,可这到底是会带给我们光明,还是会将我们扯进黑暗的深渊?

但在目前,量子通信也仍处于实验阶段。最初的量子密码通信利用的是光子的偏振特性,目前主流的实验方案则用光子的相位特性进行编码。早期在量子密码实验研究上进展最快的国家为英国、瑞士和美国。

1988 年,贝尔特在实验室里进行了"绝对安全"的量子通信,但两地距离只有 30 厘米。英国国防研究部曾于 1993 年首先在光纤中实现了相位编码量子密钥分发,光纤传输长度为 10 千米。1995 年,日内瓦大学研究人员把量子密码成功地传了 23 千米。1999 年,美国洛斯·阿拉莫斯国家实验室在空气中把量子密钥传了 1 千米远。而在破译一方,2000 年人们用量子计算装置在实验室里用肖尔的算法把 15 分解成 3×5。最近,在较长的距离上,具有极纯光特性的光纤电缆成功的传输光子距离达 60 千米。虽然有研究已经能成功地通过空气进行传输,但在理想的天气条件下传输距离仍然很短。量子密码术的应用需要进一步开发新技术来提高传输距离。

然而,在长距离的光纤传输中,光的偏振性会逐渐退化,从而导致误码率增加。瑞士日内瓦大学 1993 年的实验,采用偏振编码方案,在 1.1 千米长的光纤中传输 1.3 微米波长的光子,误码率仅为 0.54%。然而,到了 1995 年,他们在日内瓦湖底铺设的 23 千米长民用光通信光缆中进行实验演示时,同样采用了相同的方案,误码率则增加到了 3.4%。1997 年,他们利用法拉第镜消除了光纤中的双折射等影响因素,使得系统的稳定性和使用的方便性大大提高。美国洛斯阿拉莫斯国家实验室在量子密码的通信距离方面取得了较大的进展。研究人员采用类似英国的实验装置,通过先进的电子手段,成功地在长达 48 千米的地下光缆中传送量子密钥,同时他们在自由空间里也获得了成功。

1999 年,瑞典和日本合作,在光纤中成功地进行了 40 千米的量子密码通信实验。在中国,量子密码通信的研究起步相对较晚,但进展很迅速。中科院物理所于 1995 年在国内首次做了演示性实验。

还好小明和小虹没有使用量子密码,要不然我就什么都不知道了

情报保护神——密码

不过近年来，与量子密码相关的实验进展迅速。说不定不久之后我跟小虹就可以用上它了！

你知道"自相矛盾"这个成语吗？你发现了下面这个有趣的现象吗？

在未来，究竟是量子计算机先获成功从而打败目前的公钥体制，还是量子通信先实现并且建立起新型量子密码体制，从而创立最安全的密码体制？这将成为 21 世纪的一大悬念。

peak168

拓展阅读

DNA 密码

DNA 即脱氧核糖核酸，是生物细胞中的遗传物质。生物机体的遗传信息以某种方式编码在 DNA 分子上，并通过 DNA 的复制由父代传递给子代。在生物机体的发育过程中，遗传信息由 DNA 转录给 RNA，然后翻译成特质的蛋白质，以执行各种生命功能，同时也使后代表现出与父代相似的遗传特性。DNA 在染色体上以两条单链形成的双螺旋结构存在。每条单链由脱氧核糖、碱基和磷酸组成。磷酸（P）和脱氧核糖核酸（S）构成主链，核苷酸上的碱基则与另一条单链上的相应单元的碱基进行配对。两条主链螺旋延伸，并通过碱基对相互连接，形成双螺旋结构。核苷酸的碱基有四种不同的类型:腺嘌呤(A)、鸟嘌呤(G)、胸腺嘧啶(T)和胞嘧啶(C)。这四种碱基严格按规律配对:A 与 T,G 与 C。DNA 所固有的这种四进制组合与半导体的通断所形成的二进制类似,这就使科学家想到利用核苷酸的排列组合来表示和存储信息。DNA 计算机就是这种思想的一种表现,它主要利用了 DNA 双螺旋链的以下两个特性:DNA 双螺旋链的超大规模并行性和 DNA 双螺旋链中核苷酸碱基的互补配对特性。

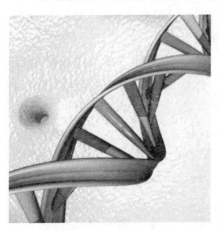
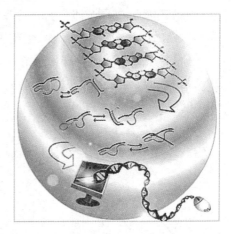

　　在 DNA 计算机中,计算的基本元件是 DNA 分子,其体积非常微小。每克 DNA 分子中约含有 10^{21} 个核苷酸,这就使得 DNA 计算机可以进行超大规模的并行计算。DNA 计算的过程,就是按照设计,从设定的初始状态开始,对 DNA 分子进行合并、扩增、粘贴等的过程。计算完成后,要对产生的 DNA 分子进行相应的检测、分离,还原出数学形式的计算结果。计算刚开始的时候,参与的 DNA 分子很少,随着计算的进行,参与反应的 DNA 分子数量会以指数方式增加,使并行计算的规模越来越大,速度越来越快。DNA 计算机的计算与存储都是利用了 DNA 双螺旋链中核苷酸碱基的"Watson-Crick"互补配对特性。因此,DNA 计算中采用的各种自动机模型,大多称为 Watson-Crick 自动机。由于起初的 DNA 计算要将 DNA 溶于试管中实现,这种计算机由一堆装着有机液体的试管组成,因此有人称之为"试管电脑"。

　　与传统的电子计算机相比,DNA 计算机有着很多优点:

情报保护神——密码

（1）体积小。其体积很小，可同时容纳 1 万亿个此类计算机于一支试管中。

（2）存贮量大。1 立方米的 DNA 溶液，可以存贮 1 万亿亿的二进制数据。1 立方厘米空间的 DNA 可储存的资料量超过 1 兆片 CD 容量。

（3）运算快。其运算速度可以达到每秒 10 亿次，十几个小时的 DNA 计算，相当于所有电脑问世以来的总运算量。

（4）耗能低。DNA 计算机的能耗非常低，仅相当于普通电脑的 10 亿分之一。如果放置在活体细胞内，能耗还会更低。

（5）并行性。普通电脑采用的都是以顺序执行指令的方式运算，由于 DNA 独特的数据结构，数以亿计的 DNA 计算机可以同时从不同角度处理一个问题，工作一次可以进行 10 亿次运算，即以并行的方式工作，大大提高了效率。

此外，DNA 计算机能够使科学观察与化学反应同步，节省大笔的科研经费。

1994 年 11 月，美国计算机科学家 L. 阿德勒曼用 DNA 方式，解决了一个非常著名问题—哈密尔敦直接路径问题，俗称"售货员旅游问题"。其基本内容是：假定有一个售货员必须向他经过的每一座城市推销产品，但是为了节约时间，每座城市他只能途经一次，路径不能重复，而且路径最短。而这个问题就是让你为这个推销员设计这样一条路径。

随着城市数目的增加，问题会变得越来越困难。随着难度的增加，要搜索到正确的路径就需要更加强大的计算能力，最终会复杂到需要运用目前最先进的超级计算机计算很长时间。当城市数目达到上百个时，即使最快的超级计算机也"望洋兴叹"，计算量可想而知。但是，利用 DNA 计算计，问题就迎刃而解了。

阿德勒曼教授根据 DNA 分子信息表达的启发，巧妙地利用 DNA 单链代表每座城市及城市之间的道路，并为顺序编码；这样，每条道路"粘性的两端"就会根据 DNA 组合的生物化学规则与两座正确的城市相连。然后，他在试管中把这些 DNA 链的副本混合起来，它们以各种可能组合连接在一起,经过一定时间的一系列的生化反应,便能找出解决问题的唯一答案,最短又只经过每座城市一次的 DNA 分子链。

阿德勒曼的成功,引起世界各国科学家极大关注,1995 年,来自各国的 200 多位有关专家一起进一步探讨了 DNA 计算机的可行性,认为 DNA 分子间在酶的作用下,某基因代码通过生物化学的反应可以转变成为另一种基因代码,转变前的基因代码可以作为输入数据,反应后的基因代码作为运算结果。利用这个过程完全可以制造新型的生物计算机。DNA 计算技术被认为是代替传统电子技术的各种新技术中的主要候选技术。

2001 年 11 月,以色列科学家成功研制成世界第一台 DNA 计算机,它的输出、输入和软硬件全由在活性有机体中储存和处理编码信息的 DNA 分子组成。该计算机不过一滴水大小,比较原始,也没有任何相关应用产生,但这是未来 DNA 计算机的雏形。次年,研究人员又作了改进,吉尼斯世界记录称之为"最小的生物计算设备"。

2002 年 2 月,DNA 计算机的研究则更进一步,日本奥林巴斯(Olympus)公司宣布,该公司与东京大学联合开发出了全球第一台能够真正投入商业应用的 DNA 计算机。他们开发的这种 DNA 计算机由分子计算组件和电子计算机部件两部分组成。前者用来计算分子的 DNA 组合,以实现生化反应,搜索并筛选出正确的 DNA 结果,后者则可以对这些结果进行分析。

在信息安全领域,DNA 计算对现代密码系统带来了严峻考验。在 1995 年,密码学家 Dan Boneh 等人通过 DNA 计算破译了数据加密标准 DES,而且声称任何密钥长度小于 64 位的密码系统都可用 DNA 计算破译。公钥密码系统的安全性是依赖于一些数学困难问题的难解性,然而,已经有科学家宣称,使用 DNA 计算,通过无穷搜索可以解决不少目前被认为是困难的数学问题。这样,在 DNA 计算面前,现代公钥密码系统的基础就显得不够牢靠了。

在 DNA 计算机面前,现代密码学还有生存的空间吗?回答是肯定的。虽然 DNA 计算的时间复杂度并不会随计算量的增加而显著增加,但空间复杂度却增加得很快。计算所需要的 DNA 分子随着计算量的增大而增加。

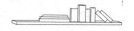

有科学家推算过,如果用核苷酸编码表示所有 380 位的二进制数,所需核苷酸的质量就超过了太阳的质量。正是由于计算中所能使用的 DNA 分子数量不能无限制地增加,Dan Boneh 等人用 DNA 计算的方法只能攻破密钥长度在 64 位以下的对称密码系统。对于目前已经被证明是安全的密码系统,只要简单地增加密钥长度,就可以有效地阻止用 DNA 计算机进行攻击。在另一方面,DNA 计算机的超强计算能力,也促使密码学家开发适合 DNA 计算机的密码系统——DNA 密码。

在信息安全中所说的 DNA 密码,与生物遗传学上所说的 DNA 密码是两个完全不同的概念。信息安全中所说的 DNA 密码,是指以 DNA 为信息存储的载体,借助于 DNA 生物化学特性来实现信息安全的密码系统。现在,已经提出了一些 DNA 密码系统。主要包括 DNA 加密、DNA 隐写和 DNA 认证等方面。

一次一密体制是无条件安全的,但其密钥的产生、存储和分发是很困难的。DNA 作为信息的载体能够较好地解决庞大的密码本的生成与分发问题。利用这一思路,美国杜克大学的 Gehani 教授等人提出了两种基于 DNA 序列的一次一密加密方法。一种是映射替代法,他们定义了一个映射表,把固定长度的 DNA 明文序列单元替换成对应的 DNA 密文序列。另一种是异或法,使用生物技术把 DNA 明文序列与密钥序列进行异或运算产生出密文序列。实现的关键是如何在通信双方之间约定作为"加密映射表"或者作为密码本"载体"的 DNA 物质,并保护它使其不被攻击者获取。

利用 DNA 计算的隐写术,通过大量的与要隐藏的信息无关的 DNA 片段掩盖含有真实信息的 DNA 片段,使得只有合法的接受者才能根据事先的约定找到含有真实信息的 DNA 片段,从而获取其中的信息。1999 年 Celland 等人用 DNA 隐写成功实现了对第二次世界大战中一条著名消息"June 6 invasion:Normandy"的隐藏和提取。

DNA 密码具有一些潜在的、独特的优良特性。其安全性不依赖于数学困难问题,能抵抗使用量子计算机的攻击。因此,DNA 计算与 DNA 密码具有巨大的发展潜力,有可能给人类带来前所未有的计算能力和全新的数据安全工具。

尽管 DNA 计算和 DNA 密码的研究近年来取得了不少进展,但到目前为止,DNA 计算的大量研究还只是停留在纸面上。很多的研究成果都是在理想化条件下取得的,还不具备实现甚至实验的条件。基于 DNA 计算的 DNA 计算机的实现,还存在不少技术障碍。

(拓展阅读部分内容引自张福泰、李继国、王晓明《密码学教程》,致以感谢)

173

情报保护神——密码

参考书目

1. M. 加德纳. 趣味密码术与密写术. 王善平译. 高等教育出版社,2008

2. Arto Salomaa. 公钥密码学. 国防工业出版社,1998

3. (美)Richard Spillman. 经典密码学与现代密码学. 清华大学出版社,2005

4. (美)Wade Trappe，Lawrence C. Washington. 密码学概论. 人民邮电出版社,2004

5. (加)Douglas R. Stinson. 密码学原理与实践(第二版). 电子工业出版社,2003

6. (英)西蒙·辛格. 密码故事. 朱小蓬、林金钟译. 百花文艺出版社,2013

7. 徐茂智 游林. 信息安全与密码. 清华大学出版社,2007

8. 赵燕枫. 密码传奇. 科学出版社,2008

9. 杨澜. 密码——智慧竞技. 东方出版社,2003

10. 张福泰、李继国、王晓明等. 密码学教程. 武汉大学出版社,2006

11. 胡向东、魏琴芳. 应用密码学教程. 电子工业出版社,2005

12. 杨波. 现代密码学(第2版). 清华大学出版,2007

13. 项昭、项昕主编. 高中数学选修课专题研究. 贵州人民出版社,2007

图书在版编目（CIP）数据

情报保护神——密码／严虹编著.—贵阳：

贵州人民出版社，2013.9（2021.3 重印）

ISBN 978 - 7 - 221 - 11368 - 9

Ⅰ.①情… Ⅱ.①严… Ⅲ.①密码 - 研究

Ⅳ.①TN918.2

中国版本图书馆 CIP 数据核字（2013）第 201343 号

情报保护神——密码

严 虹 编著

出版发行	贵州出版集团 贵州人民出版社
地　　址	贵阳市中华北路 289 号
责任编辑	徐　一
封面设计	连伟娟
印　　刷	三河市腾飞印务有限公司
规　　格	850mm×1168mm　1/16
字　　数	150 千字
印　　张	11.5
版　　次	2014 年 7 月第 1 版
印　　次	2021 年 3 月第 2 次印刷

书　号：ISBN 978 - 7 - 221 - 11368 - 9　定　价：30.00 元

"快乐阅读"书系首批书目

语文知识类

秒杀错别字

点到为止
——标点符号的正确使用

当心错读误义
——速记多音字

错词清道夫

巧学妙用汉语虚词

别乱点鸳鸯谱
——汉语关联词的准确搭配

似是而非惹的祸
——常见语病治疗

难乎？不难！
——古汉语与现代汉语句法比较

作文知识类

议论文三步上篮

说明文一传到位

快速格式化
——常见文体范例

数学知识类

情报保护神——密码

来自航海的启发——球面几何

骰子掷出的学问——概率

数据分析的基石——统计

文学导步类

中国诗歌入门寻味

中国戏剧入门寻味

中国小说入门寻味

中国散文入门寻味

中国民间文学入门寻味

文学欣赏类

中国历代诗歌精品秀

中国历代词、曲精品秀

中国历代散文精品秀

语言文化类

趣数汉语"万能"动词

个人修养类

中国名著甲乙丙

世界名著 ABC